U0293699

越玩越**爱玩**的
实验趣味游戏

YUE WAN YUE AIWAN DE
SHIYAN QUWEI YOUXI

武庆新◎编著

北京工业大学出版社

图书在版编目(CIP)数据

越玩越爱玩的实验趣味游戏 / 武庆新编著.—北京：
北京工业大学出版社，2014.10

ISBN 978-7-5639-4041-7

Ⅰ.①越… Ⅱ.①武… Ⅲ.①科学实验—青少年读物
Ⅳ.①N33-49

中国版本图书馆 CIP 数据核字（2014）第 208425 号

越玩越爱玩的实验趣味游戏

编　　著： 武庆新

责任编辑： 杜曼丽

封面设计： 元明设计

出版发行： 北京工业大学出版社

（北京市朝阳区平乐园 100 号　邮编：100124）

010-67391722（传真）　bgdcbs@sina.com

出 版 人： 郝　勇

经销单位： 全国各地新华书店

承印单位： 北京建泰印刷有限公司

开　　本： 787 毫米×1092 毫米　1/16

印　　张： 17

字　　数： 201 千字

版　　次： 2014 年 10 月第 1 版

印　　次： 2014 年 10 月第 1 次印刷

标准书号： ISBN 978-7-5639-4041-7

定　　价： 30.00 元

前　言

当前孩子的课业负担颇重，学习压力大，让很多孩子体会不到学习的乐趣，学习的主动性也不强，学习的动力也已经从好奇的探索变成了责任和义务。无论如何，这并不是一种理想的学习状态。

最好的学习方式就是探索，最强的学习动力就是好奇。如果孩子在少年时期就失去了这两种权利的话，那无疑是可悲的。如果孩子可以在少年时期尽情挥洒自己的想象力，凭借与生俱来的求知欲去探索这个多彩世界的秘密的话，那无疑是幸运的。

科学本身就是在不断失败不断尝试的探索中总结出来的。做几个简单的小实验并不是目的，让孩子在实验中培养动手能力，了解整个自然界的运行法则以及探索大自然的奥秘的方法，这才是编写本书的最终目的。

本书从空气、水、光、声音、力、化学、自然等几个方面，通过简单有趣的实验来诠释不同的科学原理，把复杂的科学术语简单化，其内容丰富精彩，语言生动自然，叙述流畅平实。本书所涉及的科学实验全部具有材料简单易取，步骤逻辑性强，可操作性高且危险性极低的特点。本书用科学实验的通用程序讲解实验，绝大多数的实验都可以由孩子独立完成，家长只需要帮孩子搜集一些实验材料就可以了，只有少数稍微复杂一些的实验需要家长的陪同和协助。

　　为了增强孩子的阅读兴趣，本书还在实验中配备了生动形象、意趣盎然的手绘插图。它是激发孩子的求知欲和想象力，让孩子用最快乐的方式探索大自然奥秘的最好帮手。

　　相信只要翻开这本书，孩子们定会在愉快的实验过程中，不知不觉地迈进科学的殿堂。

越玩越爱玩的实验趣味游戏

目 录

第二章　奇妙的声音

第三章　运动与能量的秘密

越玩越爱玩的实验趣味游戏

第四章　探秘空气

第五章 水的世界

越玩越爱玩的实验趣味游戏

第六章 化学大世界

第七章　　人体器官小实验

第八章　奇妙生物小实验

目

录

第九章　小小发明家

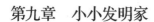

越玩越爱玩的实验趣味游戏

第一章 光和电的奥秘

彩色的光线

【实验材料】

镜子，盛满水的玻璃缸，硬纸片，墨水。

【实验步骤】

我们平时所见到的光都是没有颜色的。其实，只需要我们自己动手做一个小小的装置，就可以看到彩色的光线。

（1）在一间有阳光的房间里找一张桌子放在窗下。

（2）把盛满清水的玻璃缸放在桌子上，在硬纸上裁出一个直径2厘米的圆孔，准备一面镜子。

（3）把镜子放在阳光可以照射的地方，然后按镜子、纸板、玻璃缸的次序依次排列。镜子面对着纸板，后面靠着窗户。

（4）当阳光照进来时，镜子可以把光反射出来，透过纸板上的小孔照入玻璃缸。

（5）为了使照进来的光束更清晰一些，往玻璃缸里加一些墨水。

（6）当你站在玻璃缸的侧面时，你会看到光束是浅蓝的，但是从玻璃缸的背面看你又会发现光束变成了橘红色。

【实验原理】

为什么从不同的地方看，玻璃缸中映出来的会有不同的颜色呢？

其实，我们能看到不同颜色的光是因为玻璃缸中浑浊的水。这些浑浊的东西是悬浮着的细小微粒，光束碰到这些小颗粒时，就会把一部分光线向四周散射开来，这些散射开来的光束与另一些光相撞，就会形成不同色彩的光。通常状况下，波长越短的色光，被散射得越厉害。我们站在侧面时能看到浅蓝色的光是因为波长较短的蓝色光受到散射。红色光和黄色光则没有改变方向，所以依照光束的方向，在玻璃缸的背面，我们能看到红色光和黄色光混合的橘红色光。在微粒足够大的情况下，红光和黄光也会被散射。

【实验中的科学】

我们经常看到天空是蔚蓝色的，是因为当阳光进入大气时，波长较长的色光（如红光）透射能力强，能透过大气射向地面；而波长较短的青色、蓝色、紫色的色光碰到大气中的冰晶、水滴等，就很容易形成散射。所以说，蔚蓝的天空其实是阳光中的蓝色光散射在大气中所造成的。

镜子的亮光

【实验材料】

一面镜子，一个手电筒，一张白纸。

【实验步骤】

在白天，恐怕没有比镜子更亮的东西了。但是在晚上，情况就完全不同了！

（1）在晚上的时候，关上屋子里的灯，把一张纸和一面镜子并排放在桌子上。

（2）打开手电筒同时照射它们，你会发现在同样的环境中，镜子看起来是暗的，而白纸相对要亮一些。

【实验原理】

在白天，镜子是那样的明亮，但是为什么一旦到了晚上，镜子的亮度甚至还比不过一张普通的白纸呢？

这是因为镜子的镜面是光滑的，所以它反射光线的角度也是规则的。光线射入镜子中时虽然前进方向改变了，但是它们反射后依然会整齐前进，如果此时你的目光没在反射后的方向上，那么你的眼睛就看不到镜子反射的光。与镜子相比，纸的表面是凹凸不平的，光碰到纸后会反射向不同的方向，无论我们站在哪个角度，纸反射出来的光都可以进入我们的眼睛，所以纸看上去就比镜子亮了。

【实验中的科学】

光束碰到表面凹凸不平的介质反射到各个不同方向的现象叫作漫反射，通过光线的漫反射，我们可以在任何方向看见被照亮的物体。光束碰到表面光滑的介质反射出的光只在某一角度，只有在它反射出的光正好进入我们的眼睛时，才能看到光芒。

随水而流的光线

【实验材料】

透明胶带，手电筒，透明矿泉水瓶。

【实验步骤】

亮亮的光线总是看得见，摸不着。可是这一次，我们却要它在水中流动。你准备好了吗？

（1）在矿泉水瓶的底部和瓶盖上分别钻一个洞，用透明胶带暂时封住瓶底的小洞。

（2）往矿泉水瓶里注满水，盖上瓶盖。

（3）打开手电筒，从矿泉水瓶的底部向上照，观察矿泉水瓶的侧面，你会看见光钻进了瓶子里。

(4) 在晚上时不要开灯，把手电筒和矿泉水瓶卷在厚纸里面。

(5) 把瓶底的胶带撕下来，将瓶子斜倾，瓶底朝下，水就会慢慢往出流。

(6) 打亮手电筒，就会看见光线只在水里流淌。

(7) 把手放在流出的水里划动，光线也会随着水的形状而改变。

【实验原理】

真是太美了，光线竟然可以随着水而流动呢！

其实，这个实验中应用的是光线的全反射现象。光线经过透明物质进入到另一种透明物质里时，一部分会折射，另一部分会反射，就像空气中的光线是透过水射出来的。折射角度是根据入射角度而变化的，入射角度大时折射角度也大。当折射角度大于 90°时是显示不出来的，所以在这里光线只能反射，无法进入空气里，看起来就好像光线随着水在流动。

【实验中的科学】

光通过水折射的原理和光纤通信的原理是一样的，现代网络的传输手段主要靠光纤通信。光纤通信是发送端首先要把传送的信息（如话音）变成电信号，然后再调制到激光器发出的激光束上，使光的强度随着信号的幅度（频率）变化而变化，再通过光纤发送出去，使用端就会接收到信号。

让世界颠倒过来

【实验材料】

【实验材料】

卡纸，凹面镜。

【实验步骤】

你能想象一个上下颠倒的世界吗？你想亲眼见一见这个颠倒的世界吗？其实很简单，只要一面凹面镜就可以了。

（1）在阳光照进来的窗户前放一张桌子，拿一面凹面镜对着窗子放。

（2）在凹面镜的斜对面处放一张卡纸，把卡纸竖着固定在支架上或者靠在几本书上。

（3）对着卡纸调整镜子的位置，当调整到适当角度时，就可以很清晰地在卡纸上看见窗户的倒立影像。

【实验原理】

凹面镜是如何让整个世界颠倒过来的呢？

这是因为凹面镜的表面呈弧形，光线碰到凹面镜会产生折射现象。所有的反射光线组成的影像与入射光线的景象刚好相反，所以影像反射的光落在卡纸上会呈现倒立影像。凹面镜上发生反射，是由于凹面镜不像平面镜那样呈现水平面，落在卡纸上，就形成颠倒的影像。

越玩越爱玩的实验趣味游戏

【实验中的科学】

科学家研制的大型的反射式天文望远镜也是采用了实验中的这个原理，天文望远镜能把遥远的星体发出的微弱光汇聚成比较亮的影像，并用照相底板加以捕捉。大型的天文望远镜拥有直径长达几米甚至几十米的凹面镜，所以科学家们才能得到距地球几十亿光年外的恒星影像。

自制万花筒

【实验材料】

硬纸板，彩纸，三面大小相同的长方形镜子，透明塑料膜，万能胶。

【实验步骤】

小朋友，知道五彩缤纷的万花筒吗？让我们自己动手做一个美丽的万花筒，送给自己最要好的朋友吧！

（1）将准备好的三面镜子拿出来，把它们镜棱相对，面朝里，组成一个三棱柱，用万能胶固定起来。

（2）取出一张硬纸，剪一个大小与底部三角形面积一致的纸片，封在棱镜片的任意一端，封好后给纸片中间开一个小孔。

（3）取出一张透明塑料膜，剪一个大小与底部三角形面积一致的塑料片平放在桌子上。

（4）把彩纸剪成小碎屑放在透明塑料上，然后将透明塑料膜盖在纸屑上，把周围封好。

（5）把做好的彩纸塑料固定在三棱柱的另一端，注意塑料膜那一面朝外，这样一个万花筒就做好了，可以把万花筒对着光线慢慢转动。

（6）镜片中的图案透过小孔不断地反射出耀眼的彩光。把万花筒摇一下，再慢慢转动，另一幅漂亮的图案就会展现在你面前。

【实验原理】

万花筒做好了，问题也来了。万花筒是怎么把彩纸的碎屑变成绚丽夺目的图案的呢？

把万花筒的底部朝着有光的地方时，光线就会透过透明的塑料膜照在彩纸片上。这些彩色纸屑被棱镜片反射形成影像，三面镜子互相反射，就会第二次成像。这些图案规则对称，每把万花筒转动一次，彩纸在透明塑料中就会有不一样的排列，所以在镜子中生成的图案也不尽相同。这就是万花筒的原理。

【实验中的科学】

万花筒是苏格兰物理学家大卫·布鲁斯特在1816年时发明的，它不仅是美丽的艺术品，还能培养人的思维能力和敏锐的观察力。像生活中的干花、鸟的羽毛、宝石、彩色玻璃等，只要是带色彩的，都可以制作成美丽的万花筒。而聪明的人类在制作万花筒时已经不再限于传统的三镜，而是用锥形镜、四镜和多形镜等制作出结构复杂的万花筒。

越玩越爱玩的实验趣味游戏

吸附在墙上的报纸

【实验材料】

一支铅笔，一张报纸。

【实验步骤】

你一定用胶水粘过东西，可是，如果我告诉你我可以不用胶水就把报纸粘在墙上，你一定会以为我是在吹牛吧？

（1）拿一张报纸，展开铺在墙上，一只手摁着报纸，另一只手迅速地用铅笔侧面在报纸上来回摩擦几次。

（2）拿开摁报纸的那只手，你会发现报纸好像被粘在墙上一样，不会掉下来。

（3）把报纸的一角揭起来，再松开手，揭起的那一角又会被吸回去。

【实验原理】

这究竟是怎么做到的？报纸究竟是如何被吸附在墙上的呢？

秘密就在于我们曾经用铅笔摩擦过报纸。摩擦会起静电，当铅笔在报纸上来回摩擦时，使报纸上生了静电，带了电的报纸就会吸附在墙上。所以会牢牢地贴在墙上面，当你只揭开报纸的一角再松手时，报纸依然会被吸回去。

【实验中的科学】

静电是一种处于静止状态的电荷。静电并不是指静止的电，而是暂时停留在某处的电。你知道吗？其实人体本身的电压可高达一万多伏呢！只不过每个物质都是由分子构成的，分子是由原子构成的，原子由带负电荷的电子和带正电荷的质子构成。在正常状况下，一个原子的质子数与电子数量相同，正负平衡，所以我们人类看起来就是不带电的了。

不同的物体，不同的影子

【实验材料】

透明玻璃，透明纸，陶瓷杯，玻璃杯，手电筒。

【实验步骤】

在夜晚走路的时候，你一定见过自己的影子，黑黑的，一直跟着你。可是你知道吗？不同的物品，影子的颜色也不一样呢！

越玩越爱玩的实验趣味游戏

（1）靠着白色墙壁放一张桌子，在桌子上放一张透明纸、一只陶瓷杯、一片透明玻璃和一只装满水的玻璃杯。

（2）拉上窗帘把灯关起来，这样屋子里就没有光线了。

（3）拿出手电筒，打亮它。把手电对准靠桌子的墙壁。

（4）仔细观察透明纸、陶瓷杯、透明玻璃和装满水的玻璃杯这些物体的影子。

（5）陶瓷杯的影子明显与其他物体的影子不一样，它的影子没有光，只是一团黑色阴影，而其他物品背后的墙上都有深浅不同的光影。

【实验原理】

为什么陶瓷杯的影子是黑的，而其他物品的影子却又各不相同呢？

这是因为，光传播时遇到任何物质都会受到阻碍，直射出去的光线会被反弹回来。透明纸、透明玻璃和装满水的玻璃杯都是透明物质，光线可以穿过它们再射出去，但是当光穿过这些透明度不同的物质时，受到阻碍减弱了光能，从而使光射到墙上时不同物体的深浅度不同。因此，光照在透明纸、透明玻璃和装满水的玻璃杯时，它们的后面就会有深浅不同的光影。由于陶瓷杯是密度大且非常厚的实体物质，光无法穿透，所以当光照到陶瓷杯就只能在墙上留下一团黑影。

【实验中的科学】

光线在同种均匀介质中沿直线传播，不能穿过不透明物体而形成的较暗区域，形成的投影就是我们常说的影子。光具有波粒二象性，既可把光看作是一种频率很高的电磁波，也可把光看成是一个粒子，即光量子，简称光子。光能够在真空中传播，而其他的介质都会减弱光能。

房间里的彩虹

【实验材料】

长方形镜子，半盆清水，白纸。

【实验步骤】

只有在雨过天晴时我们偶尔才能看到美丽的彩虹，可是这种美丽却是转瞬即逝的。其实有一种方法可以让你在自己的房间里就能看到漂亮的彩虹，动心了吗？那就照我说的做吧！

（1）在天气晴朗、阳光明媚的时候，选一间可以透进阳光的屋子，准备好半盆清水和一面长方形镜子。

（2）在靠窗户的墙上贴一张白纸，把水盆放在有阳光的地方。

（3）将长方形的镜子一半浸在水里，一半露在外边，斜靠在盆中。

（4）对着阳光把镜子调整到合适的角度。

（5）你就会看见一道彩虹映在白纸上，这就是太阳的七色光谱。

【实验原理】

为什么明明没有下雨，却可以在白纸上看到彩虹呢？

原来，我们利用镜子、墙和水盆的水形成了棱镜片，让阳光先通过水面的折射进入镜面后，再由镜面折射到水里，让白光分解后形成彩虹的效果，所以我们就会看到太阳的七色光谱了。

越玩越爱玩的实验趣味游戏

【实验中的科学】

阳光射入水滴里发生折射会变成彩虹，当阳光通过棱镜片时，前进的方向会发生偏位折射，而且会把原色的光分解成红、橙、黄、绿、青、蓝、紫7种颜色的光带。这些光带集聚起来就会形成美丽的彩虹。

简易的照相机

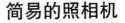

【实验材料】

毛笔，黑色颜料，连盖的鞋盒，蜡纸。

【实验步骤】

你一定看过爸爸妈妈用照相机为你拍出的照片。其实啊，照相机一点都不神秘，我们自己只用简单的材料就可以做一架简易的照相机！

（1）在连盖的鞋盒内部用毛笔涂上黑色颜料。

（2）在鞋盒侧面剪出一个长 10 厘米、宽 5 厘米的长方形开口，在开口上糊一张比开口稍大的蜡纸。

（3）然后在鞋盒的对侧中间位置开一个直径 5 毫米的圆孔。这就是自制的简易照相机了。

（4）你可以选择一个对象放在阳光可以照射的地方，然后拿着照相机的小孔对准那个物体，眼看照相机的蜡纸。

（5）这时你会看到这个对象成倒立形，如果把蜡纸换成一个胶卷，那就是一架最古老的针孔照相机了。

【实验原理】

你已经自己动手做出一架简单的照相机了，可是你知道照相机的原理是什么吗？

光在空气中是直线传播的，阳光经过物体顶部直射向长方形口的底端，而经过底部的光直射向长方形顶端，当光束把整个物体直射到长方形口（即胶卷）上时，它的像就成倒立状，所以胶卷上的景物都是倒立的。这就是照相机的光学原理。

【实验中的科学】

世界上现存最早的照片是法国人涅普斯在 1826 年（一说 1827 年）在感光材料上制出的，但是成像不是很清晰，并且需要曝光 8 小时。涅普斯通过暗箱在涂有感光性沥青的锡基底版上拍摄了一张照片，这就是世界上最早的照相机。

越玩越爱玩的实验趣味游戏

制作简易的望远镜

【实验材料】

白卡纸卷，两个放大镜，胶水。

【实验步骤】

电影里的船长总是拿着一个望远镜，站在船头眺望远方。其实，我们自己就可以制作简易的望远镜。

（1）将两个放大镜的手柄分别去掉，留凸镜部分，用其中一个放大镜望向远方，你会发现前面的景物是倒立的。

（2）用白色卡纸做一个直径和放大镜相同的圆柱体，在它的两头分别粘上放大镜，望远镜就做好了。

（3）选一处比较远且看上去模糊的景物，拿起望远镜对在眼睛上看，你会看到景物变清晰了，但景物还是呈倒立状的。

【实验原理】

用望远镜我们竟然可以看得这么远！可是，望远镜是怎样把远处的景物放大并且移到我们眼前的呢？

其实，望远镜对着眼睛的一端被称为目镜，另一端则称为物镜。目镜和物镜都是凸透镜，放大的倒立虚像是凸透镜把望远镜的光线折射后所产生的影像。我们看到景物变大是因为物体经过了两个凸透镜的折射的结果。

【实验中的科学】

这样制作的望远镜虽然简陋，但是在很久以前为人们取得信息做出了很大贡献。世界上第一架望远镜是由科学家伽利略研制出来的，它只能把物体放大 3 倍，后来伽利略将这架望远镜改善后，竟然能将物体放大 30 倍。他用自制的望远镜在夜空中发现了月球表面是高低不平的，不仅有山脉，而且还有火山口的裂痕。后来他又发现了太阳的黑子运动，从而得出了太阳运转的结论。

丝袜背后的世界

【实验材料】

尼龙丝袜。

【实验步骤】

一般来说，美丽的彩虹只有在雨过天晴之后才能见得到。不过如果你够聪明的话，随时都可以自己制造彩虹来欣赏。

(1) 打亮灯泡，把干净的尼龙丝袜对准灯泡。

(2) 透过尼龙丝袜看灯泡，你会看到袜子那边有非常耀眼的七彩光环，就像雨后的彩虹一样。

(3) 越亮的灯泡，透过袜子就会看到越漂亮的光圈。

【实验原理】

为什么灯光一透过尼龙丝袜就变成了美丽的彩虹呢？

这是因为光线透过一般介质是看不到这样的现象的，我们透过尼龙丝袜能看到这样的现象是尼龙丝袜产生折射的结果。尼龙丝袜是由交织的细尼龙丝编织而成的，它的表面都是网状格子，因此当灯泡的光线透过细格子时才会发生折射。由不同地方折射出的光形状和长度也不一样，当这些光交织在一起时就形成了美丽的彩虹图案。

【实验中的科学】

光从一种透明介质斜射入另一种透明介质时，传播方向发生偏折，这种现象称为光的折射。换一句话就是光的折射与光的反射一样都是发生在两种介质的交界处，只是反射光返回原介质中，而折射光则进入到另一种介质中，由于光在两种不同的介质里传播速度不同，故在两种介质的交界处传播方向发生变化，这就是光的折射。折射又称为绕射，是光波遇到障碍物或小孔后通过散射继续传播的现象。如果采用单色平行光，则反射后将产生干涉结果，产生明暗相间的折射花纹。

制 造 幻 影

【实验材料】

树枝，纸房子，硬纸板，细沙，脸盆，火炉。

【实验步骤】

提起幻影，我们总是会联想到魔法师一类的神秘事物。其实，幻影一点都不神秘，我们自己就可以通过实验来制造幻影。

（1）关上门窗让室内的温度保持平衡，往脸盆里铺一层细沙。

（2）把纸做的房子和树枝放在脸盆内的细沙上。

（3）点燃火炉，然后把脸盆放上去给沙子加热。

（4）等到沙子烫手时，仔细观察盆子内壁，你就会发现这些房子和树枝的幻影全倒悬在盆沿上了。

【实验原理】

这些幻影真是奇妙！可它们究竟是怎样形成的呢？

这个实验所应用到的是光的折射原理。当沙子加热后，沙子中的热空气会向外流动，当流出来的热空气与外界的光线相遇时就会产生折射。把盆子的景物通过光线折射到盆壁上，我们就会在盆壁上看到这些影像倒立的幻影。

越玩越爱玩的实验趣味游戏

【实验中的科学】

我们所做的这个实验和沙漠中出现的海市蜃楼是一样的原理。海市蜃楼是大气中由于光线的折射作用而形成的一种自然现象。蜃景的出现与那些地方在特定时间的气象特点以及地球物理条件、地理位置有密切联系。反常气候是大多数蜃景生成的主要原因，当空气各层的密度有较大的差异时，远处的光线通过密度不同的空气层就发生折射或全反射，这时可以看见在空中或地面有远处物体的影像。蜃景多在夏天出现在沿海一带或沙漠。

水滴做成的放大镜

【实验材料】

透明薄膜，硬纸片，胶带。

【实验步骤】

我们生活中所用的放大镜是用玻璃做的。其实，我们自己也可以动手做一个简单的放大镜，不过不需要用到玻璃。

（1）在一张硬纸的中间开一个小孔，在小孔上贴一层透明薄膜，用胶带粘起来。注意胶带不要把小孔封死。

（2）在透明薄膜上滴上一些水珠，这样水滴放大镜就做好了。

（3）用水滴放大镜来看报纸，会发现报纸上的小字变大了。

（4）如果字迹看起来不够清晰，只要适当调整报纸与水滴放大镜之间的距离就可以了。

【实验原理】

水，我们见得多了，本来也没有放大镜的功能啊！这水滴放大镜的原理是什么呢？

在正常情况下，水的确不具有放大镜的功能，但水滴就不一样了。把水滴在薄膜上时，水滴中间厚，四周薄，恰似一个凸透镜，根据凸透镜原理，此时就会在同侧生成放大的正立的虚像。所以这个水滴凸透镜相当于一个放大镜，我们通过它看报纸，报纸上的字就被放大了。

【实验中的科学】

中间厚于边缘的透镜被称为凸透镜，凸透镜又分为凹凸镜、双凸镜和平凸镜等。凸透镜的作用是聚光，在日常生活中老花镜、摄影机、幻灯机、望远镜、显微镜、远视镜和放大镜等的镜片都是凸透镜。

越玩越爱玩的实验趣味游戏

神奇的偶镜

【实验材料】

胶带，两面长方形的小镜子。

【实验步骤】

一面镜子可以照出自己的映像，两面镜子组成的偶镜可以照出什么呢？好奇的话就试一下吧！

（1）把两面长方形的镜子面对面放置，用胶带从后面把比较长的一端粘起来，使它们能像书本一样自由开合。我们所做成的这组镜子就叫作偶镜。

（2）让两面镜子连接的地方互相垂直竖立在桌子上。

（3）取一张有字的纸放在偶镜前，看看偶镜里的字，你会发现镜中的字变成正写的了。

（4）你也可以用偶镜照一下自己，会发现镜子把你的脸从正中间平分，此时你整个脸庞的中间就是偶镜的中线。

【实验原理】

镜子中照出来的东西都是左右颠倒的，可是为什么我们从偶镜中看到的映像不是相反的，而是和实物一样的呢？

其实，我们从每个镜子中看到实体的一半，是因为从偶镜中看到的映像是经过两面镜子先后反射所形成的，而且每面镜子都把实物映像给颠倒了一次，经过两次反射，映像也就颠倒了两次，因此变得和原来一样了。

【实验中的科学】

角反射器是在偶镜上再加一面镜子，使三面镜子互相垂直。光线无论从什么角度投射到角反射器上，反射出来的一定与原来的入射光线平行。自行车上的尾灯就是由许多的角反射器组成的，当后面的汽车灯光射到自行车的尾灯上时，尾灯就会闪烁出耀眼的光亮，后面的汽车也就不会撞到前面的自行车啦。

影子里的学问

【实验材料】

白纸，头发。

【实验步骤】

影子里的学问多着呢，越是仔细研究就越有乐趣。怎么样，准备好一起探索影子的秘密了吗？

(1) 晚上的时候拿起一根黑色的头发放在白纸上。

(2) 走到日光灯下观察头发的影子，你会发现头发的影子比较模糊。

(3) 如果走到白炽灯下去观察，你会发现头发的影子比在日光灯下要清晰一些。

【实验原理】

同一根头发拿到不同的灯下看，为什么会有不一样的影子呢？

因为在同一条件下日光灯的发光面积大于白炽灯的发光面积，日光灯是整条灯管发光，而白炽灯只有灯丝发光。白炽灯是把所有的光源聚集成一个点射出来，它的光力比较强，所以白炽灯照出来的影子比日光灯照出来的影子要清楚些。

【实验中的科学】

医院里为了保证手术时视野有足够的亮度，使用的灯是无影灯。它是将光力很强的灯排列在圆形的灯盘上，合成一个大面积的光源，把光线从不同角度照射到手术台上，就不会产生明显的影子。

第一章 光和电的奥秘

会跳舞的纸娃娃

【实验材料】

漆包线，火柴盒，胶纸，细铁丝，1.5 伏的干电池。

【实验步骤】

运用科学的原理让纸人在火柴盒上跳舞，这可不是用布娃娃玩过家家。现在来做吧！

（1）在一个火柴盒上用漆包线绕 24 圈，让漆包线的两端分别余出 10 厘米留作接头。

（2）把一根 6 厘米长的细铁丝的一端折成环形，然后横穿过火柴盒，使露出火柴盒的铁丝垂直于线圈。

（3）用比较硬的纸剪一个纸娃娃，放在火柴盒外面的铁丝上，用胶带固定起来。

（4）把 1.5 伏的电池负极用胶布粘在线圈的一端。

（5）用线圈的另一端触击电池的正极，纸娃娃就开始不停地跳舞啦。

【实验原理】

为什么把火柴盒上的线圈接到干电池的正负极上，纸娃娃就会舞动呢？

当另一截线圈触击干电池的正极时，围绕着火柴盒的整个电路就接通了。当有电流经过线圈时，线圈的周围会出现磁场，电流时断时续，使磁场强度不断变化，导致细铁丝出现一吸一放的情况，铁丝上的纸娃娃就会在火柴盒上"跳舞"啦。

【实验中的科学】

电磁铁是内部带有铁芯的、利用通有电流线圈使其像磁铁般具有磁性的装置。一般采用铁制作电磁铁的铁芯，钢不能制作电磁铁的铁芯，钢一旦被磁化，将长期保持磁性而不退磁，电流就无法控制磁性的强弱了。

汤勺里面的世界

【实验材料】

白纸，笔，金属汤勺。

【实验步骤】

你有没有注意到，汤勺的里面有另一个世界！你想不想去探索一下这个世界呢？

（1）汤勺的背面是凸起的，就像一面镜子一样。

（2）用笔在白纸上画一座小山，把画好的图片放在汤勺前，透过汤勺看里面的小山，你会发现它变得歪歪扭扭。

（3）尽可能把汤勺中变形的小山准确地画在另一张纸上，把画好的变形小山再放到汤勺前，从汤勺里看它，你会很惊讶地发现这次照出来的却是正常的小山了！

【实验原理】

汤勺里面究竟是一个怎样的世界呢？

其实，凸起的汤勺背面是一面凸面镜。当物体映在凸面镜上，凸面镜上的光线会发生折射，扩散到不同的方向。物体的延长光线在镜子的后面会聚成一个比实物小的虚像，好像是被压缩了。镜子凸得越严重，物体变形得就越厉害。这就是汤勺里面会映出变形的小山的原因，而变形的小山会被汤勺变正常，当然也是同样的原理。

【实验中的科学】

凸镜中的像的压缩程度和变形程度会随着镜子的弯曲程度而改变，镜子弯曲得越厉害，像就压缩得越小，变形也越厉害，并且观察到环境的范围也就越大。汽车上的后视镜被称为反光镜，后视镜采用的镜片都是凸透镜。用凸透镜采集后方的交通车辆，从而提高驾车的安全性。

越玩越爱玩的实验趣味游戏

让镜子中的脸变黑

【实验材料】

一张白纸，一张黑纸，手电筒，镜子。

【实验步骤】

扮鬼脸的游戏你一定玩过，不过这一次我们要玩的，是能让一半脸变得漆黑的光学鬼脸游戏。

（1）在光线比较暗的房间里，拉上窗帘，不要开灯，坐在一面大镜子前，打开手电筒放在左脸边，把光对准你的鼻子。

（2）在右脸边放一张黑纸，让手电筒的光对着你的右脸，你会发现镜子里你的右脸是漆黑的。

（3）把黑纸换成白纸，你会发现你在镜子中的脸又重新变得正常了。

【实验原理】

为什么黑纸可以让镜子中的脸变黑，白纸就不能呢？

这是因为黑纸只能吸收光线，无法反光。当手电筒的光照到你的鼻子上之后，鼻子就会把光反射在黑纸上，被黑纸所吸收。所以，除了鼻子是亮的之外，你在镜中的右脸还是会漆黑一片。白纸比较亮，可以反射光线。而手电筒的光照亮你的脸时，你脸上的光又会反射到镜子里，所以，换成白纸时，又可以从镜子里看到你的右脸了。

【实验中的科学】

物体对光的作用有吸收、透射以及反射三种。无色物体是所有的光都能穿透的物体，这样的物体称为透明物，所有的白色物体都可以反射光，黑色物体会把所有的光都吸收掉。

越玩越爱玩的实验趣味游戏

第二章　奇妙的声音

会唱歌的杯子

【实验材料】

高脚杯。

【实验步骤】

让杯子唱歌，这真是一个奇妙的主意！

(1) 在桌子上摆放两只高脚杯。

(2) 把两只高脚杯并排紧贴在一起。

(3) 用香皂把手洗一遍不要擦干，将食指贴在一只杯沿上顺着杯子慢慢转动。

(4) 你就会听到两只杯子发出像音乐一样动听的音响。

【实验原理】

用手也可以摩擦出像音乐一样好听的声音，这是怎么回事呢？

用香皂洗完手后，手会略微发涩，用手指摩擦玻璃杯时，会使杯子受到冲击，发出的音波也会颤动，这种音波传入空气里就会形成美妙的声音。因为两个杯子紧贴在一起，所以第一个杯子的音波就会传入第二个杯子。

【实验中的科学】

固体介质中既能传播横波，也能传播纵波；液体和气体能传播纵波。声波属于纵波。声音是在外界有弹性的情况下传递的，比如水、木头、空气、金属等都可以传播声音，而真空状态时没有任何弹性介质，所以它无法传播声音。

同时摆动的胶卷盒

【实验材料】

铁丝，椅子，钳子，大小相同的螺母，胶卷盒，细绳。

【实验步骤】

明明毫不相关的两个胶卷盒，却永远都是同时摆动、同时停下，这是不是很奇怪呢？

（1）用钳子将两根 15 厘米的铁丝的一端分别捏成环形。

（2）准备两个胶卷盒，分别在里面钻一个孔，把铁丝头直的一端穿入孔中，再把铁丝回折。

（3）把同样多的螺母平均放入两个胶卷盒内，盖好盖子。

（4）把两把椅子背对背放置，中间留出一些距离，将绳子的两头系在两把椅子上，再把绳子拉直。

（5）在绳子的正中间往左 5 厘米处挂一个胶卷盒，在绳子的正中间往右 5 厘米处挂一个胶卷盒。

（6）将其中一个胶卷盒向后拉，你会发现另一个胶卷盒也会随之开始摆动。

【实验原理】

这是为什么呢？我们明明没有碰到第二个胶卷盒，它怎么就忽然也摆动起来了呢？

其实，这是物理力学中的共振现象。共振即指在同一个特定频率的物理系统下，物体以最大振幅做出的相同频率的现象。在游戏过程中，由于两个物体的长度相等，当第一个物体摆动起来后，它会通过细绳将振动向第二个物体传递过去。这时振动就影响了第二个物体的自然频率，直到使得第二个物体达到与第一个物体相同的频率，所以出现了共振现象。

第二章　奇妙的声音

【实验中的科学】

声学中把共振称为"共鸣",而在电学中,电路振荡产生的共振称为"谐振"。在自然界中产生共振的地方有许许多多,如电路的共振、动物耳中基底膜产生的共振、太阳系中卫星之间轨道产生的共振、乐器音响产生的共振,等等。共振现象遍布广泛,工业、军事和生活都离不开它。像微波炉,它就是通过振动将电磁辐射能转化为热能,从而让食物迅速升温的。

让闹钟静音

【实验材料】

小闹钟,棉絮,纸盒,铁桶。

【实验步骤】

闹钟会在每天早晨叫我们起床,但是在平时,它指针的嘀嗒声却实在很烦人。有什么办法能让闹钟不再吵闹呢?

(1) 把准备好的棉絮放在桌面上,棉絮上面放上小闹钟。

(2) 把纸盒套在闹钟上,再往纸盒上面扣一个铁桶。

(3) 你会发现听不到闹钟指针走动的声音了。

【实验原理】

在闹钟上盖上东西,我们就听不到闹钟的声音了,这是什么原因呢?

空气层有减弱音波的性能，用铁桶盖住闹钟的方法叫隔声，在工程中用隔声罩和隔声间阻隔噪声的传播，当声波传入第一层时，首先会在这层中引起振动，振动的音波会随空气减弱，当它再传到第二层时声波时会又一次减弱，再向外传时声音就会更小。

【实验中的科学】

楼板、墙、地板等都是噪声向外传播的途径，源音波产生的共振通过固体传到邻近房间，就是减弱声波的性能，从而阻止它向外甚至更远的地方传播。固体能减弱声波是因为它把声波"罩"住了，这种现象叫作隔振。

大山里的回声

【实验材料】

不需要材料。

【实验步骤】

当你去山里旅游的时候就会发现，只要你大声说话，就会有一个人一直重复你的话，这个神秘的人是谁呢？

（1）和爸爸妈妈走在大山里，来到山巅或是空旷的谷底时，你站在那儿对着四周大声喊"啊——"。

（2）你就会听到从别的地方也传来和你一样的"啊——"。

【实验原理】

究竟是谁在重复我们的话呢？难道山里住着一个调皮的孩子吗？

当然不是。其实，当我们说话时声音传到空气里碰到障碍物会被反弹回来，声音弹回来时通过空气又回传入我们的耳朵。我们平时很少能听到回声是因为声音遇到的阻碍比较少，都扩散了。而在谷底时四周的崖壁都是阻碍物，无论声音从哪边传出去都会被反弹回来，所以我们就听到了这个声音。物理学里把这种现象称为回声。

【实验中的科学】

声音碰到障碍物以一定的速度回返到我们耳朵里时被称为回声，并且返回的声音与原声的时差需大于 0.1 秒，当反射面的尺寸远大于入射声波时听到的回声最响亮。

越玩越爱玩的实验趣味游戏

发声的原理

【实验材料】

一把剪刀，一个易拉罐，一根细木棍，一只气球，一根绳子。

【实验步骤】

小提琴的音乐优美而动听。其实，我们只要自己动手做一个简单的装置，同样可以发出小提琴一样悦耳动听的声音。还要等什么，快来试试吧！

（1）用剪刀将易拉罐的上端全部剪掉。

（2）在剪掉口的易拉罐里注入少许水。

（3）将气球剪下一片，将木棍绑在气球膜的正中间，覆盖住易拉罐的口。

（4）把手蘸湿捋动木棍，你是不是听到了像小提琴一样的声音？

【实验原理】

这些不起眼的小东西组合起来竟然像一个小乐器，那么它发音的原理是什么呢？

振动气球片的过程会产生这一现象，而手指捋动木棍时也会产生振动，并传到气球片上，从而让易拉罐中的空气受到影响发出声音。

【实验中的科学】

振动琴弦而发出声音的乐器被称为弦乐器。因操作方法不同被分为拨弦乐器与弓弦乐器两类。像维奥尔琴、中提琴、大提琴、小提琴以及低音提琴等属于弓弦乐器，它们都是提琴家族的重要成员。鲁特琴、吉他、曼陀林和竖琴属于拨弦乐器。

吹出鸟鸣声

【实验材料】

吸管、胶带、一个纸杯、小刀。

【实验步骤】

鸟儿是大自然的精灵，鸟鸣是大自然的天籁，我们也可以自己动手，做出可以发出鸟鸣声的小装置。

（1）将杯子倒过来，用小刀在杯子底部正中间处划一个三角形（平均边长约1厘米）。

（2）将吸管口对着杯底三角形的一角平放，用胶带把吸管固定起来。

（3）把两个纸杯口对口粘起来，在吸管的另一头吹气，就会听到鸟儿鸣叫声音。

【实验原理】

把杯子密封起来只留一个孔就能吹出鸟鸣的声音，这是什么原因呢？

其实，我们听到的鸟鸣声是因为两个纸杯产生了共鸣效果。当我们把两个纸杯粘在一起就会形成一个封闭共鸣箱。我们借助吸管把空气送入杯中时，振动了杯子中原有的空气而形成声波，声波在封闭的空间中就产生了共鸣，使音波增高，传出的声音就更加响亮了。

【实验中的科学】

声波即指声源体本身发生振动从而引起周边空气振动的现象。声以波的形式传播着，被称为音波，声波借助各种媒介向四面八方传播。在无阻空间声波是一种正面波，它传入空气的状态相似于渐渐吹大的肥皂泡。

手指弹灭蜡烛

【实验材料】

硬纸筒，蜡烛，胶带，气球，剪刀，火柴。

【实验步骤】

不用嘴吹，只需要弹弹手指就可以熄灭蜡烛，你相信世界上有这样神奇的事吗？

（1）用一个长方形做一个纸筒。

（2）在一只气球上剪出两个圆片。

（3）把两个圆片分别罩住纸筒的两端，用胶带粘住。

（4）在一端的圆片正中间扎出一个小孔，点燃蜡烛。

（5）将纸筒拿起来对准火焰，用手指弹纸筒的另一端。

（6）你会听到声音，连续几次火焰就灭了。

【实验原理】

我们明明弹的是纸筒，但是火焰为什么会灭呢？难道这是神奇的魔术吗？

空气会随着物体的振动而振动，空气振动会带动声波扩散，当声波振动到隔膜时我们就会听到声音。在我们敲打纸筒的上端的气球片时，气球片产生的振动传入我们的耳朵，我们就听到了声音。当我们敲击圆片时就会产生压强，把空气从小孔中挤出，挤出的空气会把蜡烛吹灭。

【实验中的科学】

我们能听到声音是因为耳内的听小骨受到声波振动，这些振动在听小骨中被转为电脑波，就会感受到声音。麦克风捕获声波和内耳膜的原理是一样的，它是气压波与机械部分移动之间的关系。

没有空气，还会不会有声音

【实验材料】

火柴，小铃铛，广口瓶，橡皮泥，铁丝，长纸条。

【实验步骤】

没有空气了，声音还能传播吗？这个问题你一定回答不上来。不过没关系，自己动手试一试就可以知道结果喽！

（1）在广口瓶盖中间打两个近距离的孔。

（2）把铁丝的两头从上面穿入瓶盖中，在铁丝的两头各拴一个铃铛，拿橡皮泥把铁丝和瓶盖孔之间的空隙封严。

（3）将瓶盖盖在瓶子上，两个铃铛就会吊在瓶中。

（4）拿起瓶子轻轻摇晃，就会听到铃铛发出清脆的声音。

（5）用火柴点燃一根比较长的纸条，打开瓶盖，立刻放进瓶子里，把盖子盖起来。

（6）等到瓶子里的纸条烧完后，拿起瓶子再次摇晃（当心不要烫到自己），你会发现铃铛的声音比之前小了好多。

【实验原理】

为什么瓶子里本来很清晰的铃铛声会突然变小了呢？一定是燃烧的纸条搞的鬼！

我们知道，声音通过介质在空气里传播，我们听到的铃铛声是铃铛振动产生的音波通过空气传播出来的。燃烧的纸条中含有二氧化碳，把纸条放入瓶中的一瞬间，纸条中的二氧化碳会逼出一些氧气，盖上瓶子燃烧时火焰会消耗掉瓶中的一些氧气，氧气变稀疏后传播出的声音会受到二氧化碳的阻碍，所以声音就小了。

【实验中的科学】

声音是发声体发出声音通过介质传声传到我们耳朵里的。声音传播的速度和介质的温度、种类有关，例如天空打雷时我们总是先看到闪电，再听到雷声。

越玩越爱玩的实验趣味游戏

声波的传递

【实验材料】

盘子，面包圈，细线。

【实验步骤】

振动是无处不在的，你感受不到声音的振动，却可以感受得到其他东西的振动。

(1) 在盘子里的面包圈上系一根细线，让伙伴拉紧细线走出一段距离。

(2) 你把盘子轻轻挪一下，你的伙伴就能感觉到细线在颤动。

【实验原理】

你并没有碰那根绳子，可是你的伙伴为什么能感觉到呢?

这是因为，当面包圈放在盘子中的时候，我们可以把它们看作是一个整体，当盘子和面包一起移动时，面包圈就会带动细线从而振动，因为伙伴拿着细线，所以就会感觉到振动。这和声波的传递是同一个道理。

【实验中的科学】

地震仪的原理跟我们以上的实验原理是一样的，地震仪以一条起伏不一的曲线来记录振动，称为震谱。地震波引起地面振动与曲线起伏幅度的振幅是相互对应的，它能显示出地震的强烈程度。

第二章 奇妙的声音

自制听诊器

【实验材料】

胶带，剪刀，硬纸片。

【实验步骤】

当你生病去看医生的时候，一定见过医生脖子上挂着的听诊器。你想不想自己动手做一个简单的听诊器呢？

(1) 将一张纸片剪成宽约10厘米、长约20厘米的长方形，然后卷成一个圆锥体（即上小下大），把连接处用胶带粘起来。

(2) 根据圆锥体上下口的大小，用硬纸板做两个圆片，分别用胶带粘在圆锥体两侧的开口处。这样听诊器就完成了。

(3) 将一端放在朋友的胸口上，另一端放在自己耳朵上，就能听到朋友的心跳声了。

【实验原理】

把一个中间空的东西放在一个人的胸口上，另一个人就会听到他的心跳了，这是什么原理呢？

心脏这样的人体内部器官是可以发声的，只是发出来的声音通过人体的层层阻碍传到外界后就会变得很小，就算距离很近也无法听到。而我们自制的听诊器的作用是把扩散出来的声音汇聚在一起，再朝前扩散，当扩散到我们的耳朵处时就会听到对方的心跳了。

【实验中的科学】

因为听诊器的两头和连接的那道管道内部是空心的，人体接触到它两头的传感头表面的薄膜后将声音变成机械振动，这种振动可以不受干扰地在密闭空间运动，从而传入耳朵，就可以听到心跳的声音。

气球与水球的区别

【实验材料】

一些细线，两个气球，水。

【实验步骤】

一个是气球，一个是水球，通过它们听到的声音可是不一样的。很奇怪吧？

（1）吹大一个气球，用细线把气口扎紧放在旁边。

（2）在水龙头口上套上另一个气球，打开水龙头让水往里面流，等注入水的这只气球看起来与充气的气球一样大时，关上水龙头，用细线把气球扎起来。

（3）把气球和水球一起放在桌子上，一边耳朵贴在气球上，用手指轻轻叩打桌面，然后耳朵贴在水球上，用手指轻轻叩打桌面。

（4）你会发现装水的那只气球发出的声音比吹气的气球声音清晰。

【实验原理】

气球和水球究竟有什么区别呢？为什么一个能听到清晰的声音，另一个却很模糊呢？

这是因为声音是通过介质传播的，在不同的介质中声音传播的强度和速度不同。我们能听到声音是因为周围物体受到了振动进入我们的耳朵里。水分子之间的距离小所以水的密度大，空气分子之间的距离大，所以空气的密度小。密度大的介质要比密度小的介质传播声音速度快，所以装水的气球发出的声音要比吹气的气球发出的声音清晰。

【实验中的科学】

因为声音是通过介质传播的，所以当介质分子的结构排列越有序、越有规律、越稳定时声音就传播得越快。在介质传播中，传播速度最慢的是气体，最快的是固体，而液体处在中间。声音在水中的传播速度约为1450米每秒，而在空气中每秒传播的平均速度是水的1/4。

越玩越爱玩的实验趣味游戏

第二章 奇妙的声音

第三章 运动与能量的秘密

自由落体运动

【实验材料】

重量不同的两个球，两张大小相同的报纸。

【实验步骤】

把两个不同重量的物体从同一高处扔下来，究竟是谁先落地？这是著名科学家伽利略曾经做过的著名实验。

（1）左右手各拿一个重量不同的球，两只手向上举过头顶，并且高度一样。

（2）在保证两个球垂直落下来不会砸到脚时，同时放开手。你会发现两个球是同时落地的。

（3）一张报纸保持原样，另一张报纸揉成团，左右手分别拿一张报纸和报纸团举到相同的高度。

（4）在保证它们掉下来时不会落在你身上的情况下同时放开手。

（5）你会发现揉成团的报纸迅速掉了下来，而另一张报纸则会在空中飘很久才落地。

【实验原理】

为什么两个球会在同一时间落地，而两张报纸却不可以呢？

在同样的环境中物体下落的速度与它本身的质量无关，也就是说它们下落时的重力加速度是相同的。但与此同时，空气也会阻碍正在运动的物体，物体的面积越大受到空气的阻力就越大。因为揉成团的报纸受到空气的阻力小，所以会落下得比较快，而展开的报纸受到的空气阻力大，所以落下来得比较慢。

【实验中的科学】

早在多年前，古希腊哲学家亚里士多德认为，重量不同的物体下落的速度也不同。1590年时，意大利科学伽利略在比萨斜塔上做了"两个铁球同时落地"的实验，推翻了亚里士多德的学说。1971年，"阿波罗15号"的美国航天员斯科特在月球表面上做了一个"伽利略试验"，他把一根羽毛和一个榔头同时从高处扔下，结果它们同时落在了月球表面。

吹气与呵气的区别

【实验材料】

双手，嘴巴。

【实验步骤】

告诉你吧，吹气和呵气这么小的动作，其中所蕴含的学问可大啦！不信就来试试吧！

（1）伸出双手放在嘴巴前，往手心里吹气，就会觉得比较凉快。

（2）伸出双手放在嘴巴前，往手心里呵气，就会觉得手上暖暖的。

（3）这种现象是比较常见的，当冬天特别冷的时候，手很凉，这时往手上呵气，便会感觉到手慢慢暖和起来了。

（4）刚从蒸笼里把馒头拿出来，热气烫得手很疼，这时你快速向手上吹气，手就会慢慢地不疼了。

【实验原理】

吹气和呵气的区别竟然这么大，这是什么原因呢？

原来，我们的口腔温度要比手心皮肤的温度高，当口腔里的气呵出来时，手心就会感觉到温暖。而向手心上快速吹气时，就会把口腔里的气流卡得非常细，细气流很容易在空气中变凉，较凉的气流会让手心上的汗液迅速蒸发，汗液蒸发时会带走体内的热能。同时，吹气时速度比较快，会把周围的冷空气卷过来带上手心，所以手就会觉得凉快。

而冬天时，手的温度较低，从嘴里呵出的气温度较高，呵出来的气流比较粗，热量从呵出来的气流中传递到了手上，提高了手的温度，所以手就觉得暖和了。手接触刚出笼的馒头时，过高的温度会烫疼手，向手上快速吹气时，促进了手周围的空气流动，并加快了手上水蒸发的速度，水分蒸发又会从手上把热量带走，所以手就不那么烫了。

【实验中的科学】

液体从原有物体上蒸发时，会从原有物体上带走大量热能，每蒸发1克水可带走2.44千焦的热能。一般温度越高，湿度越小，风速越大，则蒸发的速度就越快，反之蒸发速度就越慢。

斜塔——斜而不倒

【实验材料】

13个面巾纸盒。

【实验步骤】

你知道意大利有一座著名的比萨斜塔吗？这一次，你要做的这个实验却是纸盒斜塔。两座塔最大的共同点就是——斜而不倒。

（1）把准备好的13个面巾纸盒分成三组，其中两组各有6个纸盒，最后一组1个纸盒。两组6个一组的纸盒分别垒成两根柱子，剩下的一个先放在一边。

（2）把这两根柱子同时用手推得向中间倾斜。

（3）在两根摇摇欲坠的倾斜的柱子顶端放上最后一个盒子。

（4）松开手后你会发现这两摞倾斜的盒子依然稳稳地站立着，就像是一座拱桥。

【实验原理】

这些纸盒明明头重脚轻，歪歪斜斜，却为什么可以做到斜而不倒呢？

这些盒子之所以没有倒是因为它利用了拱桥的结构原理。两个相邻的盒子内挤压着上顶的力，与重力达到了平衡，所以盒子就可以稳稳地站立在那里了。

【实验中的科学】

拱桥中的原理就是通过一个水平推力把原本由荷载产生的弯矩应力转化为压应力。而拱门与它的原理是一样的，拱门最早出现在古希腊，拱门最顶部的石头称为"拱顶石"，如果没有这块石头，拱门就很容易倒塌了。

在瓶口上跳舞的硬币

【实验材料】

玻璃瓶，硬币。

【实验步骤】

硬币竟然会在瓶口上跳舞，这不会是魔术师的杰作吧？

（1）拿一个瓶口稍小于硬币的玻璃瓶，滴几滴水在玻璃瓶口的边缘，把硬币轻轻地盖在玻璃瓶口上将瓶口封住。

(2) 双手抱住瓶子的侧面，不停地上下摩擦这只空瓶子。

(3) 过一会儿，这枚硬币就会在瓶口上下跳动，好像是把空气从瓶里挤出来了一样。

【实验原理】

为什么硬币会在瓶口上上下跳动呢？

硬币会上下跳动不是因为我们挤动了玻璃瓶从而让瓶中的空气冒出来，而是因为当我们的手不停摩擦瓶子时，瓶子会发热，从而让里面的空气变热了。热胀冷缩，空气受热就会膨胀，瓶子里的气压也就会随之增大，进而会把瓶口顶开。一些空气被放出来后，硬币又落下去了。反复如此，硬币就会在瓶口上不停地跳动。

【实验中的科学】

克服摩擦的阻力自身要运动，所以就会产生热量。英国科学家焦耳做了大量实验，定量地研究了热和功的关系，证明做了多少机械功，就有多少机械能转化成热这种形式的能量，而且它们的比不变。

书与书的摩擦力

【实验材料】

两本厚书。

【实验步骤】

悄悄告诉你，书家族的成员之间都是非常团结的，一旦它们凑在一起，就很难被分开了。怎么样，一起来开开眼界吧！

（1）将两本差不多厚的书放在桌子上，让可以翻开的一面相对。

（2）把它们的书页一页一页相互插起来，插得越多越好。

（3）插完后，请一个人过来帮忙。一个人抓住书的这一端，另一个人抓住书的那一端。

（4）两人像拔河一样用力向后拉，这时你会发现这两本书真的很难被拉开。

【实验原理】

这两本书的书页虽然插在了一起，但是毕竟没有用胶水粘住，为什么无论如何都拉不开了呢？

这是因为书页与书页之间存在着摩擦力。虽然书页比较平滑摩擦力较小，但是页数插得多了之后，这种摩擦力加起来就形成非常强大的合力了，力气再大的人也很难将这两本书拉开。

合力就是一个力的作用和其他几个力的作用相加在一起时，当这种效果表现出来时就被称为合力。真正的合力是不存在的，只是在研究一件比较特殊的问题时，用合力来代表某些具有同一性质的力，会让研究简化很多。

找 重 心

【实验材料】

剪刀，钉子，线，不规则的硬纸板。

【实验步骤】

一个长方形，它的重心是对角线的交叉点；一个圆形，它的重心就是它的圆心。那么你又该如何去寻找不规则物体的重心呢？

（1）在一张不规则硬纸板的一角穿上一枚钉子，把带着纸板的钉子钉在墙上，让纸板自然下垂，然后在钉子上系上一根线，也让线自然下垂。

（2）用笔沿着自然下垂的线在纸板上画一条线。

（3）取下钉子钉在纸板的另一角，同样系上线，同样把线画在纸板上。

（4）你会发现这纸板上所画的两条线有一个交叉点，这个交叉点就是纸板的重心。

（5）用钉子穿过两条线的交叉点，再次把纸板钉在墙上，这一次，纸板在钉子上会显得特别平稳。

【实验原理】

为什么用这样的方法找出来的就是不规则纸板的重心呢？

这是因为重力的方向是竖直指向地心的。我们把纸板挂起来后，它所在直线与重力方向所在直线重合，重心也在这条直线上。在两次悬挂过程中，重心分别存在于两条直线上，并且两条直线相交，当我们分别悬挂两次并且只有一个交点时，这个交点就是这个不规则纸板的重心了。

【实验中的科学】

在重力场中，物体处于任何方位时所有各组成质点的重力的合力都通过重心那一点。有的物体的重心不一定在物体上。质量分布不均匀的物体，重心的位置除跟物体的形状有关外，还跟物体内质量的分布有关。

钢珠自己翻起来

【实验材料】

水盆，铝箔纸，香烟盒，钢珠。

【实验步骤】

用什么方法才能使钢珠自己翻起来？你来试一试吧！

（1）从香烟盒里抽出一些铝箔纸，准备好大小不同的钢珠。

（2）把铝箔纸在水盆里浸泡一会儿，等到铝箔后面的白纸湿后，把白纸从铝箔上撕掉。

（3）将铝箔裁剪成长方形，把它卷成能装进最大的那颗珠子的圆筒。

（4）将珠子放进铝箔纸筒里，把两头捏紧，把它放在香烟盒里使劲摇晃20多下。

（5）拿出铝箔纸卷，你会发现它们的两头变圆了。

（6）把这些包着钢珠的铝箔纸卷放在特别粗糙的斜坡上，你会发现钢珠会一起不停地向下翻。

【实验原理】

这些翻动的珠子看起来很像美猴王在翻筋斗，这是什么原因呢？

因为铝箔纸是光滑的，所以钢珠和它相摩擦时，摩擦力很小，而铝箔和粗糙斜面的摩擦力较大，钢珠卷从高处往下滑时，钢珠在铝箔壳内由高处迅速落到低端，和铝箔外壳一起滚动半圈后，钢珠又处在高处，所以就不断地翻起筋斗来了。

【实验中的科学】

物体在具有势能的同时也有动能，并且势能和动能会相互转化。以前有人试着发明够将动能和势能相互转化的机器，被称为"永动机"。不过由于永动机的摩擦力是无处不在的，它的机构中的能量总和会不断减少，所以被迫停下来，这也说明"永动机"是不可能存在的。

在水底航行的气球

【实验材料】

一个瓶盖，一只气球，一个大盆，一把锥子，一些清水。

【实验步骤】

你能想象一个气球在水里游来游去的样子吗？亲手试一下就知道喽！

（1）准备好一个气球，向气球里注水，直到水把气球撑到呈现透明状为止。

（2）在准备好的瓶盖上用锥子钻一个比气球口稍大的小孔。

（3）把气球口从瓶盖上的小孔里穿过来，使气球里的水可以通过小孔流出来。

（4）在一个大盆里盛满清水，把这个气球放在水里。

（5）你会发现这个气球会像潜艇一样在水底"航行"。

【实验原理】

是什么力量让气球在水中游来游去的呢？

气球装上水后和水盆里水的密度是一样的，所以气球不会下沉，也不会完全浮出水面。与此同时，气球里本身的弹力会把里面的水从小孔里挤出来，喷水所形成的反冲力就使得气球在水底可以游来游去了。

【实验中的科学】

当两个物体在一起时，一个物体把另一个物体推离自己，而自己本身受到另一个物体的反方向冲力，被称为反冲力。反冲作用能使原物体本身加速移动。比如喷气式飞机、火箭等都以反冲力作为动力，气体从火箭里高速喷出，火箭受到气体向上的推力，就会升向上空。

反冲运动和碰撞、爆炸有相似之处，相互作用力常为变力，而且作用力大，一般都能满足内力大于外力，所以反冲运动可用动量守恒定律来处理。

自制保温箱

【实验材料】

鞋盒，棉花，两个玻璃杯，开水。

【实验步骤】

当爸爸加班直到半夜才回家的时候，妈妈总是会把做好的饭菜放在保温箱里，用热乎乎的食物犒劳辛勤工作的爸爸。其实，保温箱并不神秘，你自己也可以用简单的材料做一个呢！

（1）拿一个空鞋盒，在里面塞满棉花。

（2）在两只玻璃杯里倒入开水，把一杯放在桌子上。

（3）拿来塞满棉花的鞋盒，把剩下的一杯放进去，盖好盒盖。

（4）30分钟后，把鞋盒里的水杯拿出来，用手摸一下两个水杯的温度，你会发现鞋盒里的水杯明显要比桌子上的水杯热。

【实验原理】

原来我们自己做的简易保温箱的保温效果真的很神奇。那么，保温箱的保温原理是什么呢？

保温箱之所以能留住温度，是因为棉花是热的不良导体，当我们在鞋盒里放满棉花时，空气流通的速度就会减慢，当我们把玻璃杯放进去，再盖上盖子时就阻碍了空气流通，从而减少了热的对流和传递，所以放在盒子里的水杯降温比较慢。

【实验中的科学】

流体内部由于各部分温度不同而造成的相对流动被称为对流。物理学上指液体或气体中，较热的部分上升，较冷的部分下降，循环流动，互相掺和，使温度趋于均匀。对流是液体或气体中热传递的主要方式。对流可分为自然对流和强迫对流。自然对流是没有外界驱动力但流体依然存在运动的情况，引起流体这种运动的内在力量是温度差或者（组分的）浓度

第三章　运动与能量的秘密

差。自然对流常在地球大气层和海洋发生。强迫对流是指空气由机械作用所引起的被迫对流。流体（气体或液体）通过自身各部分的宏观流动实现热量传递的过程。

拴秤锤的线哪根先断

【实验材料】

两个秤锤，细线。

【实验步骤】

两个秤锤用细线拴在一起，哪根细线会先断呢？其实，这一切的决定权，都掌握在你自己的手里。

（1）准备好两根完全相同的 30 厘米长的细线。

（2）把两条细线分别系在两个秤锤上。用细线把秤锤提起来，看看线会不会断。

（3）把一个秤锤挂在墙上，把另一个秤锤小心地挂在第一个秤锤上。

（4）迅速地把手向下移开，你会看到下面的细线会先断掉。

（5）用同样的方法再做一次这个实验，只不过这一次要慢慢地把手松开。这一次，竟然是上面的细线先断掉了。

【实验原理】

为什么同样的装置，只是松手的方式不同，产生的结果却天差地远呢？

因为把手迅速移开时，下面秤锤的线要承受比锤子的重量还要大得多的力，而上面的秤锤还处于静止的惯性状态中，所以在这样的情况下，下面的细线会先断掉。而当我们把手慢慢移开时，上面的那条细线要承受两个秤锤的重力，而下面的细线只承受一个秤锤的力。所以上面的细线会先断掉。

【实验中的科学】

根据牛顿第二定律，静止的物体获得的加速度越快，说明它所受到的力就越大。相反的，运动的物体要是很快停下来，所受的力也比慢慢停下来要大。所以我们做体操时地上要放上厚垫子，从而增加身体下落时到静止的时间，减少身体所受的冲击力。

剥 蛋 壳

【实验材料】

两个生鸡蛋，煮蛋工具。

【实验步骤】

煮鸡蛋大家都吃过，可是你了解剥煮鸡蛋的技巧吗？这里面也蕴含着不少科学原理呢！

（1）把准备好的鸡蛋放在水里煮熟。

（2）鸡蛋煮熟后先拿出一个趁热剥鸡蛋壳，你会发现鸡蛋壳粘在鸡蛋上面很难剥下来，而且不小心还会把蛋白带下来。

（3）拿出另一个鸡蛋，把它放在凉水里，等到鸡蛋冷却下来的时候再剥鸡蛋壳，你会发现鸡蛋壳很容易剥下来。

【实验原理】

同样是熟鸡蛋，为什么剥起来会有这么大的差别呢？

凉水浸过的鸡蛋壳容易剥，是基于热胀冷缩的原理。鸡蛋由蛋壳、蛋白和蛋黄三部分组成。刚煮熟的鸡蛋温度特别高，立即放入凉水中会迅速降低温度，从而使蛋壳快速收缩。而蛋白和蛋黄仍然保持原来的状态，这时两头的蛋白会被挤压到蛋壳的空头处，随后蛋白的温度也会慢慢降低，从而让蛋白小幅度收缩。这样会使蛋白与蛋壳脱离开，这时候就很容易剥了。

【实验中的科学】

大人们常常告诉我们鸡蛋黄特别有营养，吃了鸡蛋黄就可以长大个。实际上，鸡蛋清也很有营养，含有丰富的蛋白质。鸡蛋清不但可以使皮肤变白，而且能使皮肤细嫩。这是因为它含有丰富的蛋白质，蛋白质可以增强皮肤的润滑作用。此外，鸡蛋清还具有清热解毒和增强皮肤免疫功能的作用。

小纸人竟然立起来

【实验材料】

图钉，强力胶，橡皮泥，硬板纸，铁丝，塑料瓶，剪刀。

【实验步骤】

一张纸剪成的薄薄的小纸人竟然可以直立起来？这不可能吧！

（1）在硬纸板上画一个小人，尽量使纸人的左边和右边对称。用剪刀把纸人剪下来，然后用胶水将纸人的脚固定在图钉上。

（2）用 10 厘米长的铁丝弯成一段弧形，在弧形铁丝的正中间粘上小纸人的腰部，使两端的铁丝一样长。

（3）在铁丝的两端固定两团大小相同的橡皮泥。为了将塑料瓶固定，在塑料瓶里装上一些水，盖紧盖子。

（4）把纸人下面的图钉钉在瓶盖上，刚把小纸人放上时会晃几下，然后会稳当当地立在瓶盖上。

【实验原理】

小纸人为什么既不会倒也不会来回晃动呢？

地球具有吸引力，在地球表面的所有物体都受到地心引力影响，物体本身的质量决定受引力的大小。在这个实验中，两团橡皮泥起到了至关重要的作用，橡皮泥垂在弧形铁丝的两端会使橡皮泥的重心很低，这样让小纸人的重心也很低。当两边的重心对称时，小纸人就能平衡站立。

【实验中的科学】

重心是在重力场中，物体处于任何方位时所有各组成质点的重力的合力都通过的那一点。规则而密度均匀的物体的重心就是它的几何中心。不规则物体的重心，可以用悬挂法来确定。在重心较低的情况下，物体就比较容易保持平衡。所以，在刚开始学溜冰时，身体向下蹲，就不容易摔跤。

区分生鸡蛋和熟鸡蛋

【实验材料】

几个生鸡蛋，几个熟鸡蛋。

【实验步骤】

把生鸡蛋和熟鸡蛋混在一起时，这些鸡蛋看起来全都一个样。你知道用什么方法可以把它们区分开吗？

（1）把准备好的生鸡蛋和熟鸡蛋放在桌子上，把它们混合在一起。

（2）这时，你用手把所有的鸡蛋向同一个方向旋转。

（3）在鸡蛋旋转的时候仔细观察，那些速度较慢而时常晃动的鸡蛋就是生鸡蛋。

（4）反之，那些转的速度快且稳的就是熟鸡蛋。

（5）用这样的方法，生熟两种鸡蛋很快就被区分出来了。

【实验原理】

这是个非常实用的区分生鸡蛋和熟鸡蛋的方法，但是，你知道其中的原理是什么吗？

原来，生鸡蛋里的蛋清与蛋黄都是液状，我们拨动鸡蛋壳的时候，鸡蛋壳开始旋转，但是由于惯性，蛋清与蛋黄还保持着原来的静止状态，所以当蛋壳与蛋黄运动不协调时鸡蛋就会晃动，而且速度也快不起来。而熟鸡蛋的蛋清和蛋黄都是固体，并且蛋清会紧贴着蛋壳，拨动蛋壳时蛋黄和蛋壳会一起转动，所以熟鸡蛋会转得既稳又快。

【实验中的科学】

蛋白质是一切生命的物质基础，是肌体细胞的重要组成部分。鸡蛋中大部分成分是蛋白质，而蛋白质具有在高温下会变性（也就是蛋白质分子的结构在热的作用下改变结构，导致蛋液的性状发生改变）的特性。所以鸡蛋在煮熟后蛋液会凝结成固体。

第三章　运动与能量的秘密

手 劈 筷 子

【实验材料】

筷子，塑料碗，水，毛巾。

【实验步骤】

在两只碗上架一根筷子，然后用手劈向筷子，你猜会发生什么情况？

（1）拿两个塑料碗放在桌子上，使两个碗之间保持一小段距离（距离短于一根筷子的长度）。

（2）在两个碗里注入同样多的水，把一根筷子架在这两只碗上，保持筷子的两端露在两个碗里的部分一样长。

（3）拿一条毛巾裹在手上，用这只手迅速向筷子中间劈下去。

（4）你会发现筷子断了，而两只碗还原封不动地在那里，碗里的水也一点儿没有洒出来。

【实验原理】

为什么筷子折断了，这两只碗却没翻呢？难道这就是传说中的中国功夫吗？

其实这是因为我们的手快速向筷子中心砍下去时，力量会通过筷子向碗的两侧传过去，这时力量不会仅仅在碗的边缘，而会均衡地传在两只碗上的缘故。正是由于这个原因，这两只碗在手接触到筷子的时候是不会受到外力的干扰而翻倒的，筷子却会因为中间最薄弱的地方受到大力重击而折断。

【实验中的科学】

跆拳道中用手劈碎木板用的就是这个原理，它最关键的地方是在击中木板前的一瞬间，手要达到最快的速度，从而获得最大的动能，使木板破裂。如果速度不够的话，力气再大也是无法劈断木板的。

越玩越爱玩的实验趣味游戏

铁丝熔化蜡烛

【实验材料】

一支蜡烛，一根细铁丝。

【实验步骤】

用铁丝熔化蜡烛？这怎么可能？

（1）把细铁丝在某一个部位上下折 40 次左右（折的幅度不要太大，否则铁丝会折断）。

（2）在折过之后注意不要碰那个折点，否则有可能烫伤手指。

（3）折完后，将折点迅速放在蜡烛上。

（4）仔细观察你就会看到在铁丝折点与蜡烛相接触的那个部分形成了一个凹槽，蜡烛已经被铁丝的热力熔化了。

【实验原理】

多次弯折的铁丝为什么会有这么大的热量呢？

这是因为我们在迅速折铁丝的时候，对铁丝施加了外力，这个外力会对铁丝做功。折弯铁丝的动能会转为热能，铁丝折弯处温度就会迅速上升。因此铁丝碰到蜡烛时，蜡烛会被铁丝上的热量熔化。

【实验中的科学】

任何摩擦都可以产生热量，当天冷时手心相对，相互摩擦，手心就会

第三章　运动与能量的秘密

热起来。而金属在折弯的过程中，体内的原子相互碰撞，所以就会发热。

让开水冷却得更快

【实验材料】

两个人，两杯开水，10 个同样材质同样大小的玻璃杯。

【实验步骤】

用什么方法使开水冷却得更快呢？这需要通过实验来确定。如果好奇的话，就找一个伙伴亲自动手试一下吧！

（1）两个人在同一时间里开始作实验，用 A 和 B 分别代表两个人。

（2）A 把一杯开水平均分配到 5 个大小相同且材质一样的玻璃杯中。

（3）B 在第一个玻璃杯中倒满开水，把第一杯里的开水倒入第二个杯子，再把第二个杯里的水倒入第三个杯子。

（4）以此类推到把水注入第五个杯子，然后把第五个杯子里的水倒入第一个杯子，一直这样循环。

（5）五分钟后，我们会发现 B 的杯子里的水比 A 的杯子里的水凉很多。

【实验原理】

B 的方法明显要比 A 的方法好得多，但这里所利用的又是什么原理呢？

在以上实验中，无论我们采用哪一种方法，从水注入杯子的那一刻，杯子都会吸走水的部分热量。杯子的温度越来越高，水的温度却在逐渐降低，等到杯子和水的温度相同时，杯子就会停止吸热。

A 把水平均分配后，杯子里的水只有 1/5，因此只有杯子的下半部分在吸热然后把热量传入上半部分，这样就无法达到让整个杯子平均吸热的效果，因而降低了杯子吸热的速度。而 B 注入一整杯水，整个杯子都会平均且迅速地吸热，当第一个杯子吸热后把水倒进第二个杯子，第二个杯子也会迅速吸热。杯中的水一直在降温且杯子都是第一次吸热，冷却的效率当然要高得多。而且，当水注入第五个杯子时，第一个杯子已经冷却下来了，一直这样循环下去，水冷却的速度就会很快，所以在相同时间内 B 的水会先冷却下来。

【实验中的科学】

1963 年，坦桑尼亚的姆潘巴喜欢经常和同学一起做冰激凌吃。在做冰激凌的过程中他们总是先把牛奶加入白糖，待冷却后放入冰箱冷冻。有一次，因为做冰激凌的人太多，而放冰格的空位已经快没了，他为了抢冰格空位不待牛奶冷却就放入冰箱里。一个半小时后，他们打开冰箱惊奇地发现姆潘巴的牛奶已经成冰块了，而其他人的还没有冻结。

这是因为液体降温速度的快慢取决于液体上表面与底部的温差。牛奶冷却前的温度比冷却后的温度高，所以冷却前的牛奶与冰箱的温差大于冷却后的牛奶与冰箱的温差。这个情况下从物体表面上散发的热量就更多，因而降温就更快。后来人们称这种现象为姆潘巴现象。

铁钉也可以有磁性

【实验材料】

缝衣针，锤子，铁钉。

【实验步骤】

铁钉有磁性吗？当然没有，不过也不是绝对不可能有。只要你肯按下面的方法做，铁钉也可以拥有磁性的。

（1）准备一枚 10 厘米长的钉子，夹在钳子上，放在火炉上烧到发红后拿下来，放在一旁沙里让它冷却。

（2）冷却之后，用铁锤敲打铁钉。

（3）敲过一阵之后，找一些缝衣针放在钉子上，钉子竟然把这些缝衣针吸住了！

【实验原理】

原本没有磁性的铁钉为什么忽然就有磁性了？

其实，一般的铁钉不能吸住缝衣针，不是因为它没有磁性，而是小磁体混乱地排列在铁钉内部，杂乱无章，磁力相互抵消，从而无法表现出明显的磁性。我们将烧红的铁钉放入沙里退火，然后左手拿铁钉，一头对准北方，另一头对准南方，再用外物敲击铁钉的时候，内部小磁体受振，在地球这个大磁体的影响下，铁钉内部的小磁体整齐地排列起来，磁性就会显示出来。

【实验中的科学】

能吸引铁、钴、镍等物质的性质称为磁性。磁铁两端磁性强的区域称为磁极，一端称为北极（N极），一端称为南极（S极）。实验证明，同性磁极相互排斥，异性磁极相互吸引。对于磁铁来说，它内部已经形成整齐的小磁体，如果再对它进行敲击，就会使那些小磁铁在振动的作用下变得混乱而使它磁性减弱。

一指禅神功

【实验材料】

一个同伴，一把有靠背的椅子。

【实验步骤】

传说少林寺有一种神奇的武艺叫作一指禅，可以把人的一根手指练到力大无穷，无坚不摧。在这个实验中，你也可以体验一下拥有一指禅神功的感觉。

(1) 准备好一把有靠背的椅子，让你的同伴端端正正地坐在椅子上。

(2) 伸出一根手指顶在同伴的额头上，不要用太大力。

(3) 让你的同伴试着站起来，他很用力，但依然站不起来。

【实验原理】

只用一根手指轻轻顶着同伴的头，他为什么就说什么也站不起来了呢？

原来，人从椅子上站起来时，上半身会有一个向前倾的动作，把身体的重心移到腿上，才能借助腿上的力量站起来。但是顶住额头，身体的重心就无法移到腿上，所以他无论用多大的力气，也是不可能站得起来的。

【实验中的科学】

当人直立时，身体的重心从头顶正中间向下垂直指向地球中心，并且此时的重量也平均分配于两只脚。人体重心的位置会随着姿势的变化而变化。由于生活习惯，人类早已形成了自然的生理平衡意识，一般健康的人是不会因地心引力东倒西歪的，但是舞蹈演员和运动员为了要表现出色，还是要练习稳定重心和移动重心的技巧。

越玩越爱玩的实验趣味游戏

玻璃球的游戏

【实验材料】

6个玻璃球，一把中间有槽的大尺子。

【实验步骤】

弹玻璃球的游戏很多孩子都玩过。可是你知道在这种好玩的游戏中蕴含着多少科学原理吗？

（1）将尺子平着放在桌子上，把5个玻璃球并排放在尺子的槽中，注意它们要紧贴在一起。

（2）在距离这些玻璃球4厘米左右处放上另一个玻璃球，把这一个玻璃球弹出去，让它撞其他5个玻璃球。

（3）你会发现这个玻璃球弹出去时，最前面的一个会向前运动，弹出去的这个球会停在第5个球的后面。

（4）再从这6个球里拿出来两个，放在距离其他4个球5厘米左右处，弹后面的一个球使这两个玻璃球一起击撞前面的4个玻璃球。

（5）再观察它你会看到，这4个球的前两个会向前运动，这两个弹出去的球会停在第4个球的后面。

【实验原理】

为什么弹出去的玻璃球总是会停在最后呢？

其实，滚动的玻璃球是因为惯性在运动，而静止的玻璃球也是因为惯性而保持着静止状态。滚动的玻璃球撞在静止的玻璃球上时它们的能量相互交换，所以滚动的玻璃球会停下来，反之，静止的玻璃球则会开始运动。

【实验中的科学】

一般情况下，两个比较有弹性的东西相撞后，会变形，不发热，没有声音，但是变形后又会恢复。这种碰撞被称为弹性碰撞。产生弹性碰撞的两个物体会交换速度。真正的弹性碰撞只在分子、原子以及更小的微粒之间才会出现。在生活中，硬质木球或钢球发生碰撞时，动能的损失比较小，把这种碰撞也可以看成弹性碰撞。

第四章 探秘空气

空气的存在

【实验材料】

一盆清水，一个纸杯，一根针。

【实验步骤】

在我们的印象里，空气是看不见摸不着的。但实际上，空气却是无处不在的，而且随时随地占据着空间。

（1）把纸杯扣在水盆里，要尽量保证杯子里少进水。

（2）慢慢地把扣在水盆里的纸杯倾斜，你会看到水里出现了许多气泡，而且水会渐渐涌进杯子里去。

【实验原理】

为什么第一次将杯子扣进水中的时候，水无法进入杯子里？

第一次把杯子放入水里时，因为杯子里有空气，空气占据了杯子里大部分的空间，所以水只能进去一部分。杯子倾斜时水里冒出的气泡，实际上就是杯中的空气。

动植物生存的必要条件就是空气，动物呼吸、植物光合作用都离不开空气。大气层可以使地球上的温度保持相对稳定，如果没有大气层，白天温度会很高，而夜间温度会很低。不仅如此，大气层还可以吸收来自太阳的紫外线，保护地球上的生物免受伤害。

空气的重量

越玩越爱玩的实验趣味游戏

【实验材料】

一根木棍，一根细绳子，两只气球。

【实验步骤】

空气有重量吗？我们用什么方法来验证它是否有重量呢？气球跷跷板就可以。

（1）将准备好的两只气球吹大，把两个气球分别绑在细绳的两端。

（2）把木棍搭在一个地方，让它悬起来。

（3）将细绳搭在木棍上，使绳子的两边一样长，这样就可以保持两个气球的平衡了。现在整个装置就像一个倒置的跷跷板。

（4）放掉任意一个气球里的气，你会看到那只没有放气的气球会带动绳子向下移动。

【实验原理】

在生活中，我们不会感觉到空气的存在，更不会看到它，但是空气对我们非常重要。有人说空气很轻，肯定没有重量。但事实证明空气是有重量的。充满气的气球会带动绳子向下移动就是因为空气有重量，所以有气的气球这边比没有气的气球那边重，跷跷板自然也就失去平衡了。

【实验中的科学】

在 0℃，标准大气压下，1 立方厘米的空气质量是 0.001 29 克，即空气密度是 1.29 千克/米 ^{3}。我们通常都在空气中称物体的重量，所称物体的重量远远大于同体积空气的重量，所以空气的重量被忽略。在空气中，称空气的重量，所称空气相当于沉没在外部空气中，它的浮力等于空气的重量，它们两相抵消，所以我们称不到。这就是为什么经常有人问"空气有重量吗"的原因。

空气的影子

【实验材料】

一根蜡烛，一只手电筒。

【实验步骤】

光和影是一对形影不离的双胞胎，在任何时间、任何地点，只要有光，就一定会有影的存在。那么你也许会问，空气有影子吗？这真是一个好问题，让我们一起来验证一下。

（1）点燃一支蜡烛固定在桌子上，拉上窗帘，并把屋内的灯关掉。

（2）把准备好的手电筒拿出来，打亮。

（3）把手电筒对准蜡烛，使光线通过蜡烛的火焰照射在墙壁上。

（4）当手电筒的光线在墙壁上晃动时，你会看到火焰周围好像有淡淡的水纹在摇动，这就是空气的影子。

【实验原理】

为什么说这就是空气的影子呢？

在正常情况下我们是看不到空气和它的影子的，但是空气又真的无处不在。当关上灯、点燃蜡烛时，蜡烛的火焰散发出的热量会使蜡烛周围的空气膨胀。离蜡烛近的地方空气分子比较活跃，而离蜡烛远的地方空气分子的活动量比较小，但它们是混合在一起的，活动量大的分子运动时会带动活动量小的分子，由于惯性，活动量小的分子保持慢运动状态，当它们

越玩越爱玩的实验趣味游戏

不能均匀运动时就会来回晃动，所以晃动的就是空气的影子。

【实验中的科学】

空气就是我们周围的气体，它无色无味，只有在刮风时，我们可以感觉到空气在流动。地球的正常空气成分按体积分是：氮气占78.08%，氧气占20.95%，氩气占0.93%，二氧化碳占0.03%，还有微量的惰性气体，如氦气、氖气、氪气、氙气等。空气在地球外面，厚度达到数千千米。这些空气被称为大气层。因为空气性质的不同被分为几个不同的层，我们生活在对流层中，是最下面的一层。

吹　气　球

【实验材料】

塑料瓶，气球，锥子。

【实验步骤】

吹气球并不难，但是吹瓶子里的气球就不容易了，你信不信？

（1）选一个比较薄的气球，把气球口朝外塞进塑料瓶里去，然后把气球口套在塑料瓶的瓶口上。

（2）开始吹气球，看你是否能把气球吹得撑满整个瓶子？

（3）怎么样？吹不起来吧？这时你可以用锥子在塑料瓶底部钻出一个小孔。

（4）再来吹气球，看看有什么效果？结果气球真的很容易就吹起来了。

【实验原理】

只是在瓶底多了一个孔，吹出来的效果就会不一样，这是什么原因呢？

平常吹气球时我们只要克服气球胶皮的弹性恢复力和外界大气压力在气球表面的作用力，所以气球很容易吹起来。实验中我们把气球放进瓶子里，这样就完全阻止了外面的空气流入瓶中，瓶内成了密闭空间，当瓶内气球的体积增加时，则瓶内的密闭空间变小，而瓶内气体的压力增大。因此想要把瓶内的气球吹起来时，除了要克服气球胶皮的弹性恢复力外，还需克服随着气球体积的增加而逐渐增加的气压，所以很难将瓶中气球吹起来。当瓶底有了小孔之后，瓶中已不再是密封的空间，气球当然也就重新变得容易吹了。

【实验中的科学】

气球就如同人和动物的肺，当人的肺部受了伤，空气就会进入胸腔。这样一来，肺变成了气球，胸腔变成了塑料瓶，人也就无法呼吸了。所以这种情况是特别危险的。

瓶子吹气球

【实验材料】

盆子，塑料瓶，热水，气球，绳子。

【实验步骤】

瓶子也会吹气球，你相信吗？不信也没关系，像这种神奇的实验，只有自己亲手做过之后才能相信呢！

（1）把准备好的空塑料瓶放在冰箱里。

（2）拿一个气球反复吹气放气几次，这样会使气球变得更松弛。

（3）从冰箱里拿出塑料瓶，立即把松弛的气球套在瓶口上，用绳子将气球口紧紧绑住。

（4）在一个盆子里倒上热水，把塑料瓶放进去，你就会看到气球慢慢地鼓起来了。

【实验原理】

冰冻后的塑料瓶遇到热水后为什么能使气球变大？

其实，这个实验的原理并不复杂，利用的是空气受热就会膨胀的自然现象。塑料瓶在平常的温度下装的空气是一定量，但是放在冰箱里，空气遇冷会收缩，从而使更多的空气跑进瓶子里。把塑料瓶从冰箱里取出来套上气球，塑料瓶在外会遇热，里面的空气慢慢膨胀，再从外面给塑料瓶加温时，瓶里的温度会迅速上升。由于温度的上升，进而使瓶里的空气体积增大，进入气球中，所以气球就会鼓起来。

【实验中的科学】

压缩空气顾名思义就是被外力压缩的空气。空气具有可压缩性，经空气压缩机做机械功使体积缩小、压力提高后的空气叫压缩空气。压缩空气是一种重要的动力源。

压缩空气具有比其他能源清晰透明，输送方便，没有特殊的毒害性，没有起火危险，不怕超负荷，能在许多不利环境下工作的特点。地球上到处都是取之不尽的空气。

吹 水 珠

【实验材料】

吸管，剪刀，玻璃瓶，水。

【实验步骤】

我们都知道用吸管可以把杯子里的水吸出来。但是，你听说过可以把水吹出来这回事吗？这是真的。

（1）往玻璃杯里注入大半杯水，用剪刀在吸管的 1/3 处剪一个缺口，沿着这个剪开的缺口把吸管折成 90°。

（2）把长的一段插进水里，从露在外面的一端向水里吹气。

（3）当瓶里的水出来时，会变成小水珠从缺口处喷向外面。

【实验原理】

我们明明是在吹气，缺口处怎么会喷出小水珠来呢？

当我们使劲吹气时，出气口的气压就会下降，反而会把瓶中的水吸出来。但是吸出来的水会被周围强劲的气流击碎，从而形成小水珠喷到外面去。

【实验中的科学】

流动的空气称为气流，如无处不在的风。空气流过物体或物体在空气中运动时，空气对物体的作用力称为空气动力，如跑步时风迎面吹来，风吹动红旗飘摆等。物体在静止的空气中运动或气流流过静止的物体，如果两者相对速度相等，物体上所受的空气动力完全相等。

吹不灭的蜡烛

【实验材料】

漏斗，蜡烛。

【实验步骤】

蜡烛最怕的就是风了，随便吹来的一阵风都可能让蜡烛熄灭。但这一次，有了漏斗帮忙，我们的蜡烛就无论如何都不会被吹灭了。

（1）点燃一支蜡烛，固定在桌子上。

（2）拿一个漏斗，把大的那一头朝着蜡烛火焰，注意不要让漏斗盖住火焰。

（3）从漏斗的另一头往下吹气，你会发现无论你怎么吹，蜡烛的火焰都只会向漏斗边缘偏，却无论如何都不会灭。

【实验原理】

漏斗的孔明明是对着蜡烛的，但为什么蜡烛就是吹不灭？

蜡烛吹不灭是因为漏斗的缘故。漏斗的口呈圆弧形，而且上面比较细，当我们从上面把气吹下来时，气会顺着漏斗的边缘下去，而不会落在蜡烛上，所以蜡烛就不会灭。蜡烛的火苗向两边倒是因为运动的气流会在与气流接触的物体表面形成压力。气流流速越大，压力越小；流速越小，压力越大，因为吹气时空气沿着内壁往外涌，漏斗中心的压力就会很低，从别处涌来的空气就会把火苗推向漏斗边缘。

大气对流是大气中的一团空气在热力或动力作用下的垂直上升运动。通过大气对流一方面可以产生大气低层与高层之间的热量、动量和水汽的交换，另一方面对流引起的水汽凝结可能产生降水。热力作用下的大气对流主要是指在层结不稳定的大气中，一团空气的密度小于环境空气的密度，因而它所受的浮力大于重力，气流便会上升，形成大气对流。

隔 物 吹 蜡

【实验材料】

一支蜡烛，一个圆形物体。

【实验步骤】

隔着这么大的东西也能把后面的蜡烛吹灭？这是真的，不信你就试试看吧。

（1）拿一个圆形物体放在桌子上，在圆形物体的后面放一支蜡烛。

（2）把蜡烛点燃固定好，对着圆形物体向蜡烛的方向吹气。

（3）无论这个圆形物体比蜡烛高多少，蜡烛还是会被吹灭。

【实验原理】

我们明明不可能吹到蜡烛，但蜡烛又是如何熄灭的呢？

原来，当气流遇上圆形物体时，会绕着整个圆形物体流动，然后会在气流原点的对面重新会聚，而聚在一起的风正好是对着蜡烛的，所以会把蜡烛吹灭。

【实验中的科学】

气压在水平方向分布得不均匀就会形成风。风受大气环流、地形、水域等不同因素的综合影响，表现形式多种多样，如焚风、山谷风、地方性的海陆风、季风等。阵风是在短时间内风速发生剧烈变化的风。气象上的风向是指风的来向，航行上的风向是指风的去向。在气象服务中，常用风力等级来表示风速的大小。

硬币吹进碟子里

【实验材料】

碟子，一枚硬币。

【实验步骤】

把硬币吹进碟子里，这恐怕是魔术师才会的把戏吧？不要怀疑，其实你也可以做到的。

(1) 在桌子上放一个硬币，拿一个碟子放在距离硬币 20 厘米的地方。

(2) 嘴对着碟子，在与桌面平行的方向对着硬币的上方用力吹气。

(3) 你会发现硬币突然就飞进碟子里了。

【实验原理】

这实在是太神奇了，桌子上的硬币究竟是怎么被吹进碟子里的？

当你在硬币上方吹气时，硬币上方的气流会变得快起来，气压会随着气流速度的加快而下降。硬币下面的空气会被压力顶起来，所以硬币会随着你吹出来的气流飞进碟子里。

【实验中的科学】

气压是作用在单位面积上的大气压力，即等于单位面积上向上延伸到大气上界的垂直空气柱的重量。著名的马德堡半球实验证明了气压的存在，气压的国际制单位是帕斯卡，简称帕，符号是 Pa。

制作降落伞

【实验材料】

结实的细线，手帕，橡皮泥，剪刀，胶带。

【实验步骤】

在电视里，我们曾看到有勇敢的人从飞机中跳出来，但只要在落地之前打开降落伞，人就可以安全地着陆。其实，我们也可以用生活中可以找到的材料制作一个简单的小降落伞。

（1）拿一根比较长的线，把它剪成4等份，将剪好的线分别用胶带粘到手帕的4个角上。

（2）把4根线的另一端捏在一起，用胶带粘起来，在这4根线上系一块橡皮泥，我们的小降落伞就做好了。

（3）把手帕收起来，拿着橡皮泥的一端，把降落伞用力抛向空中。你会发现手帕逐渐展开，变成一个降落伞，慢慢地落在地面上。

【实验原理】

降落伞的确很神奇，但它是利用了什么科学原理呢？

因为地球有吸引力，所以抛上去的东西会掉下来，但是空气也有阻力，物体下降的速度与物体本身的面积有关，面积越大受到空气的阻力就越大，当伞张开时，面积较大的伞叶会受到较大的空气的阻力，所以会慢慢掉下来。

【实验中的科学】

降落伞的原理就是利用空气对伞叶的阻力，从而减慢伞下落的速度。伞叶主要由柔性织物制成。降落伞又称为"保险伞"，是航空航天人员的救生和训练、空降兵作战和训练、跳伞运动员进行训练比赛和表演等的设备器材。

让饭盒在桌上行走

【实验材料】

纸杯，一次性饭盒，剪刀。

【实验步骤】

让饭盒在桌上走路，这可并不是什么难事。

(1) 用剪刀把一次性饭盒的盖子剪掉，再把纸杯的杯底剪掉。

(2) 在饭盒的底部剪一个直径和杯底一样大的圆洞。

(3) 把剪好的饭盒反扣在桌子上，再把纸杯套在饭盒的洞上。

(4) 脸和纸杯保持一定的距离，边往纸杯里吹气边观察。

5.你会看见饭盒浮起来了而且还慢慢向前移动。

【实验原理】

饭盒没有腿，但为什么会在桌子上移动呢？

这是因为，把纸杯套在饭盒上时，纸杯和饭盒成了一个整体。当你往杯里吹气时，气流会通过杯子进入饭盒里面，随着气流的增多，气压就会增大，把盒子顶起来，因为你吹气时气流是向前的，所以顶起来的盒子就会跟着气流向前移动。

【实验中的科学】

英国工程师科克莱尔就是利用这个原理制造了气垫船。设计气垫船的思路就是用一个气垫托住船底，从而使船底不接触水面，好像悬在空中一样。通过发动机从船上方的周围吸取空气把气垫充大，再从船底部把气放出去，气流就会像弹簧一样把船托起来。这样就可以减少水的阻力，从而增加航行速度。

会喝水的玻璃杯

【实验材料】

短蜡烛，玻璃杯，盘子，火柴。

【实验步骤】

给盘子里燃烧的蜡烛扣上玻璃杯的一瞬间，究竟会出现什么现象呢？好奇的话就试试看吧！

(1) 将一支短蜡烛点燃后固定在盘子里。

(2) 慢慢往盘子里注水，小心不要让水珠灭火焰。

(3) 拿一个玻璃杯罩在蜡烛上，注意观察接下来的情景。

(4) 火焰熄灭的瞬间，玻璃杯会把盘子里的水吸上去。

【实验原理】

水为什么偏偏会在蜡烛熄灭的那一瞬间被吸入玻璃杯里呢？

在玻璃杯罩住蜡烛的过程中，蜡烛会把玻璃杯里的空气烧热。热空气膨胀后就会从玻璃杯里溢出来，所以此时的玻璃杯里是不会进水的。但是在玻璃杯完全把蜡烛罩住之后，杯中的氧气会逐渐燃烧殆尽。氧气耗光之后，蜡烛的火焰也就熄灭了。与此同时，玻璃杯内的空气逐渐冷却，导致气压下降；为保持气压平衡，外面具有正常大气压的空气便把盘子中的水挤进杯中去了。

【实验中的科学】

氧气是氧元素最常见的单质形态。在标准状况下，两个氧原子结合形成氧气，是一种无色无嗅无味的双原子气体，化学式为 O_2。氧气是大气的重要组成部分，占空气总量的 20.95%。

罐头瓶的力量

【实验材料】

一盆清水，蜡烛，棉布，罐头瓶，火柴。

【实验步骤】

《西游记》里，金角大王和银角大王有一种可以把人吸进葫芦里的法宝。我们这次要作的实验跟这个差不多，只不过我们的罐头瓶吸住的可不是孙悟空。

（1）把准备好的棉布放在清水里浸泡，浸透后铺在桌上。

（2）点燃一支蜡烛固定在桌子上。

（3）把罐头瓶口朝下拿在手里，对着蜡烛的火焰把罐头瓶里的空气加热。

（4）等到罐头瓶热了之后，对着湿布迅速扣下去，等再拿起罐头瓶你会发现湿布已经被紧紧地吸在瓶口了。

【实验原理】

为什么加了热的罐头瓶可以把湿布吸起来呢？这是应用了什么原理？

空气受热后会膨胀，当罐头瓶里的空气加热后一部分就会溢出来。把湿布扣到罐头瓶口时，里面的空气就会冷却下来，而此时罐头瓶内的压强小于外面空气的压强，罐头瓶就会从外面吸入空气，在内外压强差的作用下，湿布就被吸住了。

越玩越爱玩的实验趣味游戏

【实验中的科学】

生活中我们用的拔火罐就是这个原理。拔罐法又名"火罐气"、"吸筒疗法"。这是一种以杯罐做工具，借热力排去其中的空气产生负压，使罐子吸着皮肤，造成瘀血现象的一种疗法。古代医家在治疗疮疡脓肿时用它来吸血排脓，后来又扩大应用于肺痨、风湿等内科疾病。

让蜡烛沉入水底

【实验材料】

蜡烛头，透明的玻璃容器，一个高于玻璃容器和蜡烛的玻璃杯。

【实验步骤】

蜡烛是浮在水面上的，这是因为蜡烛的密度要比水小一些。但是，要想让蜡烛自己沉到水下去，也并不是一件困难的事。

(1) 在一个比较大的玻璃容器里注入 2/3 容积的清水。

(2) 把蜡头放在清水中，你会发现它没有沉下去，而是漂浮在水面上。

(3) 拿一个玻璃杯把蜡烛罩住，松开手，当玻璃杯慢慢往下沉时，杯里的水也会渐渐降低。

(4) 随着杯内水位的降低，蜡烛会沉入水底。

【实验原理】

把玻璃杯罩在蜡烛上时，杯子里的水为什么会减少？蜡烛为什么会下沉？

实际上，这个实验所反映的是物理学中的空气压力现象。蜡烛下沉正是由于空气的压力。当杯口平触到水面上时，杯子里的空气无法排出，所以水也进不去。当杯子慢慢下沉时，杯内的空气就会受到水的压缩，杯内空气体积缩小，压强增大。当杯子继续下沉时，此时杯子里气体的压强大于外面气体的压强，杯子里的压力会阻止水进入杯中。当杯口抵达玻璃容器底部时，杯里的气体压力就会把浮在水面的蜡烛压到水里去了。

【实验中的科学】

体积是指物质或物体所占空间的大小。根据玻意耳定律，在定量定温的条件下，理想气体的体积与气体的压强成反比。

越玩越爱玩的实验趣味游戏

淘气的氢气球

【实验材料】

氢气球，长丝线。

【实验步骤】

氢气球是一个专门与我们对着干的淘气鬼，我们向前它就向后，我们向后它却偏要向前，真是奇怪。

(1) 准备好一个氢气球，系上一段比较长的丝线。

(2) 坐车的时候把氢气球的线拿在手里，关上所有的车窗。

(3) 当车子急刹车停下来时，人会向前倾，但是氢气球会向后飘，而停止的车又突然前进时，人会向后倾，而气球往前飘了。

【实验原理】

氢气球为什么总是与人背道而驰呢？

氢气球之所以会与人背道而驰，是因为氢气的密度比空气小。车子突然停下来时，因为惯性，人和空气都会向前倾斜。而氢气球内氢气的密度比空气小，所以会在空气的推动下向后移动。同样，当车子突然发动时，惯性会让人和空气向后倾斜，氢气球就会在空气的推动下向前移动。

【实验中的科学】

氢气是世界上最轻的气体。它的密度非常小，只有空气的 1/14，在标准大气压下，氢的密度为 0.0899g/L。所以氢气可作为飞艇的填充气体（由于氢气具有可燃性，安全性不高，飞艇现多用氦气填充）。

美丽的冰花

【实验材料】

玻璃片，玻璃杯，热水，冰箱。

【实验步骤】

如果你的爸爸妈妈是在北方长大的，那么他们小时候一定曾经见到过冬天玻璃窗上的冰花，也一定会告诉你冰花究竟有多么美丽。如果你没亲眼见过的话也没关系，你也可以自制玻璃上的冰花，让自己一饱眼福。

（1）在玻璃杯里注入大半杯热水，把玻璃片放在水杯的口上，让玻璃片上沾满水汽。

（2）把沾满水汽的玻璃片立刻放进冰箱里冷冻。

（3）过一会儿打开冰箱，把玻璃片拿出来，你会看到玻璃片上竟然有一层冰，而且冰上还有美丽的花纹。

【实验原理】

这些美丽的冰花究竟是怎么形成的呢？

玻璃片放在热水杯上，水汽蒸发向上升时碰到玻璃就会附在玻璃片上。这时把玻璃片放进冰箱，玻璃片上的水汽遇冷就会变成冰花。

【实验中的科学】

玻璃窗的一面在室内一面在室外，冬天时外边的温度比较低，所以玻璃两面处于不同温度和湿度下，室外空气冷且干燥，室内空气热且潮湿，玻璃周围的气温在0℃以下，玻璃体内的分子运动不规律，屋内的水汽碰在玻璃上就会缩成一团，紧贴在玻璃上结成不均匀的冰，看起来就像冰花。

第五章 水的世界

水冒出"烟"圈

【实验材料】

一盆水，蓝墨水，软眼药水瓶。

【实验步骤】

烟囱里的炊烟有时会形成一个个的烟圈，很是好看。其实，我们也可以在水中制造这种"烟"圈。

（1）用眼药水瓶吸一些水，然后吸进几滴蓝墨水。

（2）左手拿眼药水瓶，瓶口倒立在水盆中。

（3）在不要碰倒瓶子和不碰到盆中的水的情况下，用右手迅速地弹一下瓶子底。

（4）你会看到有一束像烟圈一样的水，突然出现在水盆里。当你不断地弹眼药水瓶的瓶底时，"烟"圈就会一串一串不停地出现在盆里了。

【实验原理】

水里真的会冒出"烟"圈，可是这是怎么回事呢？

烟圈是气流旋涡的一种形式，任何一种流体从小孔里迅速冲到外面时，都会形成一个个烟圈似的旋涡，而这种旋涡就是我们在盆子里看到的"烟"圈。

【实验中的科学】

地球表面上看似静止的物体，其实随着地球自转做着围绕地心轴的匀速旋转运动，它自己本身就有速度。当水失重下降，本身的自重使它产生了一定的重力加速度，这种加速度与它随地球自转时存在的速度叠加，合成了一个新的加速度方向，并且在较小的半径上产生了较快的运动速度，看上去就是比较快的向下的螺旋运动，这就是我们看到的旋涡现象。

小水滴赛跑

【实验材料】

木板，几本书，报纸，油纸，水，两根吸管。

【实验步骤】

你看过龟兔赛跑的故事吗？故事的结局实在令人意外。我们要做的这个实验是让小水滴赛跑。不知道这次比赛的结果会不会出乎你的意料呢？

（1）拿几本大小差不多的书，摞在一起。

（2）把木板的一边搭在书上面，一边放在桌子上，这样木板就形成一个斜坡。

（3）在木板朝上的那一面一半铺上油纸，另一半铺上报纸，这样小水滴的赛道就做好了。

(4) 在两个吸管中各吸进一些水,同时从报纸和油纸上往下滴,油纸上的水滴一下子就滑下去了,而报纸上的水滴却滑不下去。

【实验原理】

同样的水滴,同样的斜坡,为什么会出现这种情况?对了,一定是赛道不同的原因。

没错,因为报纸表面比较粗糙,水往下流时会发生摩擦,而且报纸具有吸水性。所以水在往下滑落的过程中,会渗进报纸里。而油纸表面是光滑的,而且纸质特别细腻。水滴往下滑时不会发生太大摩擦,所以会特别快地滑下去。

【实验中的科学】

报纸在我们的日常生活中占有很重要的位置。它不仅可供人们增加知识,而且对日常生活也有很大的帮助。报纸可以擦干净玻璃是因为它的吸水性好,而且不会掉毛,另外一点就是报纸上有层油墨,它可以去除玻璃上的污渍。所以用报纸擦玻璃也是一种很好的选择。

是什么阻止了水流

【实验材料】

一些清水，一个玻璃瓶，一块过滤网，一根橡皮筋。

【实验步骤】

什么？没有盖的水瓶口朝下，里面的水竟然不会洒？这不可能吧！到底怎么回事，快来试试看吧！

(1) 去掉玻璃瓶的盖子，往玻璃瓶中注水，直到水满为止。

(2) 在玻璃瓶口上封上过滤网，拿橡皮筋扎紧。

(3) 用最快的速度把玻璃瓶倒立过来。

(4) 你会发现瓶中的水流不出来。

【实验原理】

难道是这一层过滤网阻止了瓶中的水流吗？

没错，正是因为这层细细的过滤网引发了水的表面张力，所以才导致瓶中的水流不出来。与此同时，当瓶中注满水时，瓶中就完全没有空气，所以在瓶口，气压也会阻止水从瓶子里流出来。

【实验中的科学】

压力的方向会垂直于任何接触面，深度相同时，压强也相同。液体越深时，压强也越大。我们拿容器盛水时，这些水的重量就是它的压力。盛

越玩越爱玩的实验趣味游戏

在容器中的水，对侧面及底面都有压力作用。水产生的压力是向各个方向的，体现在水中物体上是垂直于接触面。实则水向下、向前、向后都有压力，只不过没体现在直观的物体上。而当物体上下所受压力不同，下面的压力较大时，就开始上浮。

冰 块 变 水

【实验材料】

一些冰块，一个透明的玻璃杯。

【实验步骤】

冰是固态的水。可是在加满冰块的杯子里倒满水，等冰化掉之后会发生什么事呢？水会从杯子里溢出来吗？

（1）拿一些冻好的冰块，放入玻璃杯里，在放入冰块的水杯里加满清水，但不要让水溢出来。

（2）注满水后这些冰块从杯底漂上了水面。

（3）等到这些冰都融化完后，你发现杯中的水仍然没有溢出来，而且还和以前一样。

【实验原理】

表面上看起来，杯子里的水和冰加起来要比杯子的容量大多了，可为什么水就是没有溢出来呢？

这是因为水结冰后体积会比原来大一些，我们注满水时，冰块还占有水杯的一定体积。这些冰融化后体积就变小了，所以不会从杯中溢出来。

【实验中的科学】

自然界中的水，具有固态、液态和气态三种状态。固态的水称为冰，液态的水称为水，气态的水称为水蒸气。

冰是无色透明的固体，晶格结构一般为六方体。在一标准大气压下，冰的熔点为0℃。0℃水冻结成冰时，体积会增大约1/9。

冲不走的塑料球

【实验材料】

一个水盆，一个水壶，一个塑料球。

【实验步骤】

当水壶里的水流出来浇在水盆里的塑料球上时，塑料球会不会被冲走？你绝对猜不中问题的答案。

(1) 往盆里装半盆水，在水上面放一个塑料球。

(2) 在水壶里灌满水，把壶嘴对准塑料球的正上方。

(3) 仔细观察，你会发现水没有把塑料球冲到别的地方，球一直浮在水面不断翻滚。

【实验原理】

一般情况下，物体被水冲刷肯定会被冲得移动起来，可是这个塑料球为什么会在水面上一动不动呢？

这是因为贴近球的水流速度大，压强小；外层的水流速度小，压强大，而且球四周的压力基本相等，所以它只能在水里不断翻滚，却不会被冲走。

【实验中的科学】

我们生活在"大气海洋"的底层——地面上。而地面上一切物体都要受到大气压的作用，可是因为我们人体内部的压强，使得我们感觉不到大气压的存在。气压日变化幅度较小，一般为 0.1~0.4 千帕，并随纬度增高而减小。气压变化与风、天气的好坏等因素关系密切。气象观测中常用的测量气压的仪器有水银气压表、空盒气压表等。

第五章 水的世界

调制鸡尾酒

【实验材料】

五个纸杯，一些酒精，一些肥皂水，一些食用油，透明玻璃杯，一些清水，一些葡萄汁。

【实验步骤】

你见过调酒师调制出来的鸡尾酒吗？各种不同颜色的酒在杯子里层次分明，煞是好看。我们不是调酒师，却也可以在自己的家里调制一杯"鸡尾水"。不过要记得，千万不要喝下去。

（1）把相同量的酒精、肥皂水、葡萄汁、食用油、清水分别倒入五个纸杯中。

（2）拿出一个洗干净的玻璃杯，把纸杯中的葡萄汁全部倒入玻璃杯里。

（3）按照肥皂水、清水、食用油、酒精的顺序，把它们慢慢地依次倒入装了葡萄汁的玻璃杯里。

（4）把所有的原料都倒入玻璃杯中之后，你会发现它们没有混合在一起，而是像美丽的彩虹一样，在玻璃杯中分成了五个层次。

【实验原理】

为什么用这几种东西可以在玻璃杯里做出美丽的彩虹呢？

五种液体之所以层次分明是因为每种液体的密度都不同。注入液体的顺序也是有讲究的，要按照密度的大小依次注入，让密度最大的液体在最

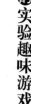

越玩越爱玩的实验趣味游戏

下面，密度最小的液体在最上面。这样一来，当小密度的液体在大密度的液体上时，它不会下沉只会漂浮在上面，所以就形成了这种现象。如果没有按照顺序来倒的话，当有大密度的液体在小密度之上时，大密度的液体就会沉下去跟下面的液体混在一起了。

【实验中的科学】

海水的密度是指单位体积海水的质量，其单位为克每立方厘米，它的大小取决于盐度、水温和压力。

海水密度有条件密度和现场密度之分。条件密度是指当大气压等于零时的密度；现场密度是指在现场温度、盐度和压力条件下所测得的海水密度。世界大洋表面海水密度的地理分布规律是：从赤道向两极地区逐渐增大，最大密度的海水往往出现在高纬地区。海水密度也是决定洋流运动的重要因素之一。

区分自来水和凉开水

【实验材料】

一些过滤后的肥皂水，一些凉开水，一些自来水，两个透明玻璃杯。

【实验步骤】

水和水是不同的。但是我们很难用肉眼分辨出哪一杯是自来水，哪一杯是凉开水，所以只好用一些特殊的办法……

（1）在桌子上放两个透明玻璃杯。

（2）在一个玻璃杯里加入凉开水，另一个玻璃杯里加入自来水。

（3）把准备好的肥皂水分别加入两个水杯内，分别搅拌两个玻璃杯中的水。

（4）仔细观察，我们就会看到盛有凉开水的杯里比较清澈，沉淀物较少，盛有自来水的杯里沉淀物很多，而且水也特别浑浊。

【实验原理】

同样都是水，为什么两个杯子里的变化截然不同呢？

原来，水中含有许多肉眼看不见的矿物质。加入肥皂水后，水中的这些矿物质会与肥皂水发生化学反应，生成沉淀物。而水被烧开后，水中的矿物质及杂质会被去除。在凉开水中加入肥皂水，可发生化学反应的物质比较少，所以水要清澈些。

【实验中的科学】

矿泉水中的锂和溴能调节中枢神经系统活动，具有安定情绪和镇静作用。长期饮用矿泉水还能补充膳食中钙、镁、锌、硒、碘等营养素的不足，对于增强机体免疫功能，延缓衰老，预防肿瘤，防治高血压、痛风与风湿性疾病也有着良好的作用。

水绳的形成

【实验材料】

锥子，铁罐，清水。

【实验步骤】

生活中所见到的绳子多半是由线或者草绞成的。难道水也能拧成绳子吗？

（1）找出一只铁罐子，把铁罐子倒扣在地上，在底部用锥子扎几个小洞。

（2）拿一些清水往罐子里倒，用手把瓶子底部流出来的水握住，过一段时间后松开手，你会发现几股水流变成了一大股，像拧成绳子似的向下涌。

（3）用手掌把罐底下摸一遍，水又会和之前一样分开从每个小孔里流下来。

【实验原理】

真是让人难以置信，没有固定形态的水竟然可以几股拧成一股水绳！

其实，这种现象是水的表面张力在起作用。当手握住水流时，水的表面张力遭到了破坏，在短时间内无法顺向而流，恰似某一股有吸力，把其他水流都吸过去了，所以几股较细的水流就会绞成一股较粗的水流。而我们用手摸一遍罐底时，水又会顺着自身的方向流出来，就变得和之前一样了。

【实验中的科学】

水是人们生活中最常见的物质之一，它是生物体组成的最重要部分，是人类生命中最重要的资源。水是中国古代五行之一，西方古代的四元素说中也有水。水在常温常压下为无色无味的透明液体。在自然界，纯水是罕见的，水通常多是酸、碱、盐等物质的溶液，习惯上仍然把这种水溶液称为水。

风扇吹出空调的效果

【实验材料】

毛巾，电风扇。

【实验步骤】

在炎热的夏天，吹空调要比吹电扇凉快多了，这是空调可以制冷而风扇不可以的缘故。其实，只要你肯动动脑子的话，风扇也可以吹出空调的效果。

（1）把毛巾放在清水里洗一下，拧出大量的水，挂在衣架上。

（2）把衣架挂在电风扇前面，小心不要让湿毛巾绞在里面。

（3）对着毛巾坐在电风扇前，让伙伴打开电风扇。

（4）你会发现没用毛巾前吹出来的风是温的，而现在吹出来的风则清凉多了，就像空调开了冷气一样。

【实验原理】

湿毛巾搭在电风扇前会吹出来非常清凉的风，这是为什么呢？

这是因为，电风扇的风吹到毛巾上，会让毛巾上的水蒸发掉，水的蒸发是要吸收周围空气里的热量的。热量都被水吸走了，所以风扇吹出来的风就变凉了。

【实验中的科学】

在温度低于水的沸点时，液态水变成气态水的过程被称为蒸发。在自然界中，风速、饱和差、温度和湍流等会影响到水蒸发速率的大小。温度高时，水分子的动能大，蒸发出来的水蒸气就多；而温度低时，水分子的动能小，所以蒸发出来的水蒸气就少。

牙签的爱好

【实验材料】

肥皂，一盆清水，牙签，方糖，肥皂。

【实验步骤】

牙签有自己的爱好，它喜欢糖，讨厌肥皂，你信吗？

（1）把一根牙签轻轻地平放在一盆清水里，在距离牙签较远的地方放一块方糖。

（2）你会发现牙签慢慢移向有方糖的地方。

（3）换一盆清水。在水里依然放一根牙签，在离牙签较近的地方放一块肥皂。

（4）这时你会发现牙签慢慢远离肥皂。

【实验原理】

为什么会出现这种情况呢？难道牙签有自己的爱好这件事是真的吗？

当然不是。之所以会出现这种现象的原因是方糖在水里时会吸收掉一些水分，当其他的水流向方糖时，牙签也会顺势流过去。但是将肥皂放在水盆中时，会破坏水的表面张力，导致水盆边的表面张力比肥皂那的表面张力大，所以会把牙签向外推。

【实验中的科学】

具有去污能力的物质必须要具备降低溶液的表面张力的特性。表面张力是液体表面层由于分子引力不均衡而产生的沿表面的作用于任一界线上的张力。肥皂的分子被加到水中时，它会浮到水面上，因为在有机物的那端（疏水的）受极性的水分子排斥。由于肥皂分子在水表面受水分子排斥，从而产生了一个对抗水分子相互吸引的力，结果就降低了水的表面张力。当肥皂水加到织物纤维中时，附在织物表面的油就聚成小油滴并离开织物表面。

煮 黄 豆

【实验材料】

食用盐，煮黄豆的工具，一些新鲜黄豆。

【实验步骤】

同样是煮黄豆，先加盐与后加盐有什么区别？这可不仅仅是一个烹饪方面的问题。

(1) 在锅里加上水，把准备好的黄豆拿出 1/2 放在锅里加上盐开始煮。

(2) 半个小时后拿出一颗黄豆用手捏一下，你会发现黄豆还是硬邦邦的。

(3) 再来煮剩下的一半黄豆，20 分钟后打开锅盖给黄豆里加一些盐。

(4) 半个小时后拿出来一颗用手一捏就碎了，而且这样煮出来的黄豆味道也很好。

【实验原理】

在不同的时间给黄豆加盐，煮出来的黄豆就会不一样，这是为什么呢？

原来，一开始就给黄豆加上盐，煮黄豆的水就变成了盐水，而盐水的浓度比清水高了很多，这样水就不容易渗透进黄豆了。反之，清水很容易渗进黄豆中，当把黄豆煮得快烂时加上盐，味道也就渗进去了。

【实验中的科学】

渗透作用是指水分子或其他溶剂分子从低浓度的溶液通过半透膜进入高浓度溶液中的现象。植物细胞的液泡充满水溶液，液泡膜及质膜就是半透膜。所以植物细胞浸于溶液或水中都会发生渗透作用。

铁针浮在水面上

【实验材料】

缝衣针，牙签，餐巾纸，大碗，水。

【实验步骤】

秋天的落叶可以轻松地浮在水面上不会下沉。可是如果有人跟你说有一种方法可以让铁做的针也浮在水面上，你会认为他是在吹牛吗？

（1）把餐巾纸平整地放在桌面上，拿一根针放在餐巾纸上。

（2）往碗里注入大半碗清水，手把餐巾纸托起来（小心针不要掉下来），平着放在盛有水的碗里。

（3）水把餐巾纸浸湿后餐巾纸变得十分透明，但依然平整地浮在水面上。

（4）一会儿之后，餐巾纸的四角渐渐沉入水里，中间的那一部分，依然浮在水面一动不动。

（5）把针周围的餐巾纸轻轻用牙签按入水里，让它跟针分开后，再从碗里捞出来。注意不要把针弄湿。

（6）周围的餐巾纸被拿走了之后，针依然平稳地浮在水面上。

【实验原理】

铁的密度要比水大得多，为什么铁做的针却能浮在水面上而不下沉呢？

这是因为，水分子具有表面张力，这种内聚性的连接是由于某一部分的分子被吸引到一起，分子间相互吸引，形成一层薄膜。这层薄膜被称作表面张力，它可以托住原本应该沉下的物体，所以针就能浮在水面上了。

【实验中的科学】

浸在液体或气体里的物体受到的液体或气体向上托的力叫作浮力。漂浮于液体或气体表面或浸没于流体之中的物体，受到各方向流体静压力的向上合力。其大小等于被物体排开流体的重力。在液体内，不同深度处的压强不同。物体上、下面浸没在液体中的深度不同，物体下部受到液体向上的压强较大，压力也较大，可以证明，浮力等于物体所受液体向上、向下的压力之差。

越玩越爱玩的实验趣味游戏

水往高处流

【实验材料】

红墨水，冷水，细口瓶，热水，蜡纸。

【实验步骤】

俗话说，人往高处走，水往低处流。但是在这个实验里，水却可以向高处流。一起来验证一下吧！

（1）在热水里面加一些红墨水，使它变成热红墨水。

（2）把准备好的热红墨水和冷水分别倒满两个透明的细口瓶。

（3）拿一张比瓶口略大一些的蜡纸贴在盛冷水的细口瓶上，注意别让气泡留在瓶口上。

（4）把盛冷水的细口瓶倒立在盛有热水的细口瓶上。当两个瓶口准确相对时，用最快的速度把纸片抽出来。

（5）你会发现底下水瓶里的水向上面水瓶里流了，一股红色的水慢慢升向上面瓶子的底部。

（6）过一会儿后，冷水瓶中的水全部变成红色的了。

【实验原理】

水竟然真的向上流了！这究竟是怎么回事呢？

原来，冷水的密度大于热水的密度。所以，同体积的热水比冷水轻。两个瓶口相对时，由于热水的密度小，而冷水的密度大，热水会慢慢上升，在上升的过程中冷水和热水会混合，所以上面的水也会变成红的，这是一种热的对流。

【实验中的科学】

我们用热水洗过澡会觉得凉，是因为我们的身体会吸收这些热水的热量，当你用热水洗完澡后，身体的温度也会上升。而此时身体的温度要比外面的温度高，所以你就会觉得凉。

油与水相溶

【实验材料】

有盖的玻璃杯，植物油，水，洗衣粉。

【实验步骤】

在平时吃饭的时候，如果你足够细心的话就会发现，菜里的油总是浮在水的上面。可是今天，我们却要用实验让水和油这一对老冤家彻底溶在一起。

（1）用玻璃杯盛半瓶清水，倒一些植物油进去。你会发现油漂在水上面，与水分成了两层。

（2）盖上玻璃杯的盖子，把杯子拿在手里摇晃，尽量使水和油混合在一起。

（3）可是过不了多久，水和油又界限分明地分开了。

（4）打开玻璃杯的盖子，向里面加一点洗衣粉。

（5）盖上盖子使劲摇晃。这一次，水和油又一次混合在了一起，却再也没有分开。

【实验原理】

为什么洗衣粉可以让水和油这对老冤家溶在一起呢？

这是因为洗衣粉有一种"乳化作用"，它可以把一个个油滴包围起来，均匀地分散在水中。洗衣粉能去除衣服上的油污，就是因为它能让油溶进水中，所以才能把衣物清洗干净。

【实验中的科学】

油的主要成分是高级脂肪酸甘油酯，极性非常弱，几乎没有极性。而水是强极性的。根据相似相溶原理，油与水不能相溶。

水分子的强极性：一个水分子由一个氧原子和两个氢原子组成，两个氢原子都与氧原子连接，氧原子最外层电子还有两个没有配对，这两个没有配对的电子对两个共价键产生强烈的排斥作用，使得水分子正负电荷中心（叫作"电重心"）偏差很大，故水分子是强极性分子。

水和酒精的对抗

【实验材料】

筷子，浓度为95%的酒精，乳白色平底瓷盆1个，清水，塑料杯，蓝墨水。

【实验步骤】

水和酒精可以以任意比例混合，但是这一次，我们却要在实验中看一看水和酒精这一对"黄金搭档"是如何对抗的。

（1）在盛有半杯清水的塑料杯里滴几滴蓝墨水，用筷子搅至呈均匀的淡蓝色。

(2) 把这些蓝色的水倒进乳白色平底瓷盆里，水只要能盖住盆底就可以了。

(3) 把少量酒精滴在瓷盆底的正中心。

(4) 你会看到在滴入酒精的地方，瓷盆的底露了出来，四周的水的颜色却变深了。

【实验原理】

为什么在滴入酒精之后，水面的平静被打破了呢？

水是具有表面张力的。在酒精没有滴入以前，瓷盆内蓝色水的表面张力在各个部分都是相等的。而在滴入酒精以后，水的表面张力遭到破坏，由于水的表面张力比酒精表面张力大，因此水会从各个方向把酒精拉过去，所以瓷盆底部露出一块既没有水也没有酒精的地方了。

【实验中的科学】

由于酒精能够进入细菌体内，使其体内蛋白质变性凝固，因此能够达到消毒的目的。如果使用高浓度酒精，那么使蛋白质凝固的作用就会更强，使细菌表面蛋白质首先变性凝固，形成了一层坚固的包膜，酒精反而不能很好地渗入细菌内部，会影响酒精的杀菌能力。

第五章　水的世界

擦镜子的艺术

【实验材料】

燃气灶，肥皂，水壶，旧镜子，水。

【实验步骤】

你知道怎样把镜子擦得光亮如新吗？这仍然要用到水的奥秘。

（1）用水壶把水烧到冒汽，让水继续烧着，在水汽前放一块镜子，镜子立马就会起雾。

（2）当镜子上罩满雾时，拿肥皂把镜子擦一遍，再用水冲洗干净。

（3）观察镜子，你会发现镜子比以前更亮，而且不会再起雾了。

【实验原理】

之所以可以用这种方法把镜子擦得更亮，是因为水壶里蒸腾出的雾汽在镜子表面引起了反射。镜面上有污垢时，水蒸气形成的水滴会附在镜面的污垢上，形成凹凸不平的表面，从而造成了反射光线往不同的方向无规则地反射。在镜子上擦上肥皂，可以去掉镜面上的污垢。水滴在同一平面时，连接在一起形成一层薄膜，所以镜子就会更加清晰了。

【实验中的科学】

肥皂是脂肪酸金属盐的总称，通式为 RCOOM，式中 RCOO 为脂肪酸根，M 为金属离子。日用肥皂中的脂肪酸碳数一般为 10~18，金属主要

越玩越爱玩的实验趣味游戏

是钠或钾等碱金属。广义上，油脂、蜡、松香或脂肪酸等和碱类起皂化或中和反应所得的脂肪酸盐，皆可称为肥皂。肥皂能溶于水，有洗涤去污作用。肥皂通常分为硬皂、软皂和过脂皂三种。如果在肥皂中加入某些药物，那就成为药皂了，如硫黄皂、檀香皂等。

不会浮起的水泡

【实验材料】

一盆水，塑料瓶，锥子。

【实验步骤】

你一定见过水泡从水底升起的情景。可是这一次，我们却要把水泡困在水里，不让它们出来。

（1）准备好一个塑料瓶，在塑料瓶底部靠正中间位置，钻一个小孔。

（2）把塑料瓶放在盛满水的水盆里，往里面注水，直到水满为止。

（3）把塑料瓶垂直慢慢向上提，大约距离水盆 10 厘米时，水从小孔里流出来会在水盆底部激起许多水泡。

（4）这时把塑料瓶往下放一点，你会发现那些水底的水泡一动不动地在那里升不上来，也不向周围扩散。

【实验原理】

水泡里面的空气明明比水的密度小得多，应该很快就会浮出水面才对，怎么会被轻易地困在水里出不来呢？

这是因为水泡的浮力被水的冲击力抵消了。水泡没有向四周扩散是因为水柱冲入水中是有速度的，根据流体速度大、压强就小的道理，周围静水的压强比水柱底下压强大。所以水柱把水泡困在了下面。

【实验中的科学】

压强是指流体沿某一平面的法线方向作用于该面上的每单位面积上的力，力的方向指向被作用的面。压强是表示压力作用效果（形变效果）的物理量。物体由于外因或内因而发生形变时，在它内部任一截面的两方即出现相互的作用力，单位截面上的这种作用力叫作应力。

越玩越爱玩的实验趣味游戏

第六章　化学大世界

精盐——加快雪的融化

【实验材料】

精盐，一只小碗。

【实验步骤】

你能想象让雪在冬天室外 0℃以下的气温中融化吗？其实很简单，只要在雪中加一点盐就可以啦！

（1）下雪时，在小碗里盛上雪放在室外。

（2）在雪中撒上精盐，把雪和盐搅拌均匀。

（3）不一会儿你就会发现，碗中的雪已经融化成水了。

【实验原理】

为什么正常的雪不会融化，只有加了盐的雪才会融化掉呢？

正常情况下纯水的冰点为 0℃，而食盐饱和溶液的冰点将近−21℃。雪是水的固态，当雪与食盐混在一起后，精盐的冰点会掺入雪中，使雪的冰点在 0℃以下，所以就融化了。

工业中用的冷冻剂就是利用这个原理做成的。我们在生活中也可以用到这个原理，夏季时在冰镇食物的冰块上撒上少许精盐，就会加快冰块融化的速度。

会飘的火焰

越玩越爱玩的实验趣味游戏

【实验材料】

火柴，蜡烛，玻璃器皿。

【实验步骤】

在我们的印象里，当人向前走的时候，手中蜡烛的火焰一定会向后飘。但是，当我们把蜡烛放进玻璃杯里的时候，情况就完全变了。

（1）将蜡烛放入比它高的玻璃器皿里，点燃。

（2）拿着玻璃器皿直线往前方走，边走边观察。

（3）你会发现蜡烛的火焰是一直向前飘的。

【实验原理】

火焰会跟着器皿向前飘是什么原理呢？

这是因为容器比蜡烛高，所以点燃蜡烛时它的火焰也在容器中。我们的身体向前时会有惯性，身体上附带的东西也会有向前的倾向，所以容器中的气体向前倾时会碰在内壁上产生气流，容器下部的密度会随着蜡烛燃烧时空气温度的增高而变小，而这时容器上方的密度要相对大一些，当空气向下流动时下面密度较小的气体在反作用力之下就会产生向前的气流，所以火焰会向前。

【实验中的科学】

惯性是一切物体的固有属性，无论是固体、液体还是气体，无论物体是运动还是静止，都具有惯性，实验中的火焰同样具有惯性，才会有实验中的现象。

在蛋壳上写字

【实验材料】

玻璃容器，一只红壳生鸡蛋，毛笔，蜡烛，醋酸。

【实验步骤】

你也许见过有字的苹果，但你一定没见过壳上有字的鸡蛋。当然，鸡是不会生出有字的蛋的，但是我们可以自己把字写上去呀！

（1）把红鸡蛋放在清水里洗干净，拿一块抹布擦干，取一截白色蜡烛，放在一个玻璃容器里加热熔化。

（2）用毛笔蘸取蜡液，在红色蛋壳上写字。

（3）等到鸡蛋上的蜡凝固后，将鸡蛋放入装有醋酸的玻璃容器中，用筷子转动鸡蛋，让整个鸡蛋都沾上醋酸。

（4）整个鸡蛋平均浸入醋酸半个小时后，蛋壳表面就会产生一些气泡，而且会有明显的腐蚀现象。

（5）当你把蜡液洗掉之后，那些平滑的地方就是你写的字。

【实验原理】

为什么用这种方法就能在蛋壳上写字呢？这里面又有什么奥秘？

蛋壳被醋酸溶解后能溶入少量蛋白，这些蛋白都是由氨基酸组成的球蛋白，会在弱酸性条件中发生水解生成多肽等物质。这些物质有腐蚀作用，而蜡中含有抗腐蚀的脂肪酸，所以当其他地方被腐蚀时，有蜡液的地方依然会很平滑。

【实验中的科学】

金属离子与其他离子结合形成很稳定的新离子的过程叫络合。白色的无水硫酸铜溶在水中会形成蓝色的溶液，就生成了铜的水合离子。

越玩越爱玩的实验趣味游戏

用 火 写 字

【实验材料】

杯子，棉花，线香，白纸，毛笔，吸管，木条。

【实验步骤】

人们平常都是用笔在纸上写字，这次我们却要尝试用火在纸上写字。这样做不会把纸烧掉吗？试试看就知道啦！

（1）点燃一些线香，等线香燃一会儿后把香灰收集起来。

（2）放入有水的杯中搅拌均匀，将少许棉花塞入吸管中制成过滤器。

（3）把香灰吸入管中使它从另一端流出。

（4）将流出来的液体装进另一个杯子，这样就制好了我们实验中所需的液体。

（5）用毛笔蘸着调制的溶液在白纸上写字，一个字重复写 3 遍左右，而且这个字要连笔不能断开。

（6）用其他颜色的笔在字的起笔处做个记号，把纸放在水泥地上让它晾干。

（7）点燃一根木条，燃一会儿后熄灭，将有火星的一头放在有记号处，立即会有火花燃起来，并会向字的笔迹蔓延，等到火灭后纸上的字就像是用毛笔写出来的。

【实验原理】

这个实验真是神奇，不过这究竟是怎么做到的？

原理是这样的。线香中含有硝酸钾，是一种助燃剂。这种化合物遇上水会溶解，并且能降低纸的燃点，可溶于水，所以涂上香灰水的纸张比较容易燃烧，而且火又不会很大。

【实验中的科学】

硝酸钾是一种较强的氧化剂，如果遇到有机物很容易发生燃烧爆炸，在制造炸弹、火药时会用到，也可用于分析试剂和肥料。

越玩越爱玩⑩实验趣味游戏

血 的 特 性

【实验材料】

一盆凉水，一盆热水，两块带有血渍的白布，一块肥皂。

【实验步骤】

如果你去问妈妈，沾了血渍的衣服好不好洗？妈妈多半会告诉你不好洗。不过在做过这个小实验之后，你就可以自豪地对妈妈说，让我来告诉你怎样洗掉血渍吧！

(1) 把两块带有血渍的布分别放在热水和凉水里浸泡。

(2) 过一会儿将两块白布取出来，分开放在冷水中用肥皂洗。

(3) 之前浸泡在热水里的那块布，现在用冷水洗时搭上肥皂使劲搓血渍只是变暗了，可是效果不太好。

(4) 之前浸泡在冷水中的那块布血渍已经变浅了，现在用冷水洗时只要搭上肥皂轻轻一揉就干净了。

【实验原理】

为什么之前浸泡在热水里的布上面的血渍不好洗，而之前浸泡在冷水里的布很容易就洗干净了呢？

生物的血液中含有蛋白质，蛋白质有"变性"特性。它是以"胶体"的形态溶解在冷水里的，而遇热后的蛋白质会生成固体，当它再次冷却下来的时候就不能溶解了。血渍的主要成分是蛋白质、水和盐。当血进入热水时就会使蛋白质凝固起来，所以就洗不掉了。

【实验中的科学】

血液是由红细胞、白细胞、血小板和血浆组成的，是一种非透明的红色液体，流动在心脏和血管内。血液中含有各种营养成分，如无机盐、氧以及细胞代谢产物、激素、酶和抗体等，有营养组织、调节器官活动和防御有害物质的作用。

墨 水 魔 术

【实验材料】

一些消毒液，两个透明玻璃杯，一瓶墨水，半杯清水。

【实验步骤】

一秒钟让墨水变清水，这是不是更像是魔术呢？一起来试试吧！

（1）在盛有清水的玻璃杯里滴入几滴墨水，拿少许消毒液倒入另一个杯中。

（2）把有墨水的水倒入有消毒液的杯中轻轻摇晃，你会发现被滴入墨水的水又变清了。

【实验原理】

这太奇怪了，消毒液是怎么让墨水变成清水的？

消毒液中含有次氯酸钠，当消毒液与墨水相溶时会产生化学反应，将

越玩越爱玩的实验趣味游戏

墨水溶解成透明液体，所以水又变清了。

【实验中的科学】

消毒液之所以可以起到杀菌的作用，是因为其中的次氯酸钠一旦碰到细菌就会释放出新生态原子氧，把那些有害的细菌彻底氧化。消毒液不仅可以用来杀死细菌，同样可以用来消灭害虫。但是，要想消灭那些个头比细菌大得多的害虫，消毒液的浓度一定要非常高才行。另外需要注意的是，消毒液具有很强的腐蚀性，千万不要用手去触碰哦。

会吸水的试管

【实验材料】

试管，玻璃杯，钢丝球。

【实验步骤】

一天前，试管和杯子中的水位还是一样的，一天后试管中的水位就升高了，这是为什么呢？

（1）将洗锅用的钢丝球撕一撮浸在水里，泡一会儿后把浸在水里的一撮钢丝球拿出来，放到试管的底部。

（2）在玻璃杯中注入小半杯水，把试管倒放入水杯中。

（3）一天后，试管里的水会上升。再看那些钢丝，你会看到上面有黄色锈斑。

【实验原理】

很明显，杯子里的水被试管给吸走了。可是，这个吸力是从哪来的呢？

其实，问题的关键在于试管里的钢丝球生锈了。钢丝球生锈的过程中会消耗空气中的氧气，试管中的气压变低了，试管外空气的压力就是将杯子中的水推进试管里去。

【实验中的科学】

铁与空气中的氧气发生了化学反应，在表面生成的金属氧化物被称为锈。空气氧化和电化学腐蚀的作用会导致铁生锈，当铁上有部分铁锈时，要及时清理掉，否则会导致其他铁迅速生锈。当一块铁完全生锈后，体积是生锈前的 8 倍。

越玩越爱玩的实验趣味游戏

自动吹气球

【实验材料】

一些苏打粉，一个玻璃瓶，一袋醋，一只气球，一些清水。

【实验步骤】

你吹过气球吗？吹气球可是一件很累人的事呢。在这个小实验中，就让我们来研究一下自动吹气球的方法吧！

(1) 在玻璃瓶中注入一些清水，然后往清水里加入少许苏打粉后搅拌均匀。

(2) 在玻璃瓶中加入食醋，将气球套在瓶口上。

(3) 一会儿你会发现气球会慢慢鼓起来。

【实验原理】

食醋与苏打粉混合到底会产生什么气体，为什么会让气球鼓起来？

气球鼓起来是因为瓶中产生的二氧化碳进入了气球。醋属酸性物质，而苏打粉属碱性物质，酸性物质和碱性物质混合后便会产生二氧化碳。当瓶口被气球封住，二氧化碳排不出去时就会被"吹"进气球里，使气球鼓起来。

【实验中的科学】

苏打粉在化学中被称为碳酸氢钠。它是膨大剂的一种。苏打粉是一种易溶于水的白色碱，与水结合后产生二氧化碳，如果与酸性物质结合在一起反应更快。释放的气体会随着周围环境的升高而增加。苏打粉有膨胀作用，所以经常用来做食品的中和剂。

头发也会溶化

【实验材料】

漂白剂，饮料瓶，一些头发，棍子。

【实验步骤】

我们每天都会用水洗头发，可是你一定不知道，头发有些时候也会溶化呢！

（1）在饮料瓶中注入 1/4 左右的漂白剂,将 20 根左右的头发放入瓶中。

（2）用棍子搅拌，让头发完全浸入漂白济中。

（3）30分钟后，我们看到漂白剂表面有泡沫浮起，有些头发上有小气泡，而有的头发已经溶化了。

【实验原理】

这真是太奇怪了，漂白剂究竟把那些头发怎么样了？

头发属于酸性物质，而漂白剂属于碱性物质。它们混合在一起发生化学中和反应，这种中和反应会慢慢将酸性物质稀释掉，所以头发就没了。

【实验中的科学】

无论是哪一种纤维，只要它属酸性，遇到漂白剂都会发生化学反应而溶化掉。因此，人们一般不会在分辨不清楚的物料中使用漂白剂。而在棉花上可以放心使用，因为棉花是碱性物质。如果用漂白剂洗呈酸性的毛织制品一定会被洗坏。

用粉笔作油画

【实验材料】

食用油，锤子，粉笔，杯子，浅盘，白纸，醋，报纸数张。

【实验步骤】

你一定看过艺术大师毕加索所作的抽象派油画，是不是五颜六色的很漂亮呢？其实，我们只用粉笔和一些其他原料也可以自制类似的艺术品。

（1）将报纸铺在桌子上，在浅盘里加入两匙醋放在报纸中间。

（2）把不同颜色的粉笔分别碾成粉末状，分别倒入不同的杯子里。

（3）在每个杯子中加一勺食用油，搅拌均匀后一起倒入加醋的浅盘中，这时候含有不同粉笔末的油会在水表面形成不同颜色的圆圈，看起来五颜六色的。

（4）首先准备几张报纸平铺开，再取一张白纸铺在含有油的水表面，然后取下来放在准备好的报纸上，让它晾一天。

（5）第二天，擦去白纸上的粉笔末，一幅五颜六色的油画就会映入眼帘。

【实验原理】

用粉笔作油画，我们真是太有才了！可是，你知道其中的原理吗？

粉笔中的碳酸钙成分和醋中的酸性物质发生反应后，彩色的颜料就会在油中溶解。纸纤维中的正电分子与负电分子和油脂分子会互相混合在一起，就会形成色彩斑斓的图案。

【实验中的科学】

如今随着社会的发展，我们用的粉笔也从以前单有的白色增加到多彩多色。在古代，人们用的粉笔是由天然的白垩制成的，它是一种非晶质石白色灰岩，里面含有碳酸钙成分，它们多是红藻类化石。

让蜡烛重燃

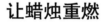

【实验材料】

一些火柴，一支蜡烛。

【实验步骤】

不用火柴点蜡烛，就可以让刚刚熄灭的蜡烛重新亮起来。怎么样，好玩吧？

（1）将点燃的蜡烛放在桌子上，燃一会儿后熄灭。

（2）在蜡烛刚刚熄灭青烟升起的时候划亮一根火柴。

（3）把正在燃烧的火柴迅速放在蜡烛冒烟的地方，片刻后，灭了的蜡烛又会重新燃起来。

【实验原理】

为什么没有用火柴直接点蜡烛，蜡烛也会重新燃起呢？

其实是因为当蜡烛刚刚被吹灭时，虽然火焰已经熄了，但蜡烛本身的温度还在，所以一接触到火柴的高温就会重新燃烧起来。

【实验中的科学】

火柴因为发火原理不同而被分为安全火柴与摩擦火柴，摩擦火柴又称为硫化磷火柴。氯酸钾和三硫化四磷是摩擦火柴药头的主要成分。一般摩擦物被摩擦后不容易点燃火柴头，只有在磷层上擦划时才会发生反应，点燃火源。我们使用的火柴盒侧面就是磷层。

肥皂水吹不成泡泡

【实验材料】

一些肥皂水，一个透明玻璃杯，一根吸管，一袋醋。

【实验步骤】

用肥皂水吹泡泡，这是每个孩子都玩过的游戏。可是这一次却为什么不灵了呢？

（1）在玻璃杯中加入肥皂水。在肥皂水中插入一根吸管开始吹气，很快就能吹出很多泡泡来。

（2）在肥皂水里加少许食醋，搅拌均匀。

（3）再次用吸管吹气，但这一次却怎么吹也吹不出泡泡了。

【实验原理】

加了醋，可以吹漂亮泡泡的肥皂水就失灵了，这是什么原因呢？

因为肥皂属于碱性物质，而醋是酸性物质。醋加入肥皂水中就会将肥皂水中的高级脂肪酸溶解掉，所以就不能吹出泡泡来了。

【实验中的科学】

化学反应速率就是化学反应进行的快慢程度（平均反应速度），用单位时间内反应物或生成物的物质的量来表示。在容积不变的反应容器中，通常用单位时间内反应物浓度的减少或生成物浓度的增加来表示。

反应物本身的性质与浓度、压强、催化剂、光、激光等外界因素的温度，反应物颗粒大小，反应物之间的接触面积和反应物状态会影响化学反应速率。

醋是由玉米、碎米、甘薯、马铃薯、甘薯干、马铃薯干等，经过糊化、蒸煮、糖化及液化，将淀粉转为糖，把它们混合起来，在温度为38℃左右的环境中放置40天。当醋酸含量达5%以上而不再上升时，乙醇就会在醋酸菌的催化氧化下生成醋酸。

制 肥 皂

【实验材料】

酒精灯，肥皂，食盐，试管。

【实验步骤】

肥皂硬硬的，滑滑的，我们每天都要用到。可是你知道吗，只要把盐水和肥皂液混合在一起，就能制成新的肥皂呢！

(1) 在一支试管中注入 2~3 毫升清水，拿一块指甲大小的肥皂放入试管里用酒精灯加热使肥皂溶解。

(2) 溶解完的肥皂冷却后，加少许精盐。

(3) 在加了精盐的皂液里注入 10 毫升水，盖上盖子用力摇晃。

(4) 肥皂液和盐水混在一起开始变浊，慢慢凝成乳状的白色沉淀物，浮在透明液体上形成了"肥皂"。

(5) 把它取出后放置凝固，用来洗手效果很好。

【实验原理】

精盐和肥皂液加在一起，可以制出新的肥皂，它利用了什么原理呢？

一般的肥皂成分多是硬脂酸钠盐，而食盐的溶解度比硬脂酸钠盐的溶解度大一些，钠皂的溶解度会随着溶液中钠离子的增多而降低，导致从溶液中析出，而食盐却仍然在溶液中，就会形成新的肥皂。

越玩越爱玩的实验趣味游戏

肥皂可以分为很多类，最普通的是钠皂。在钠皂中加入香料和染料后就可以供家用。肥皂中含有大量的杂质，在生产过程中可以用盐析法去掉肥皂中的杂质。（另见 P246）

卫生球的再生

【实验材料】

盛有热水的烧杯，酒精，卫生球粉末，卫生球，试管。

【实验步骤】

人的身体受了伤，过一段时间就会自己愈合，难道卫生球也有这种本事吗？

（1）在试管中注入 10 毫升酒精用热水加温。

（2）将卫生球粉末加入温热的酒精中，直到酒精不能够溶解粉末为止。

（3）把试管放入盛有热水的烧杯中，并用温度计测量热水的水温。

（4）将另一个卫生球削去火柴头大小的一块，把削掉一块的卫生球用线系起来，吊在已经调好的饱和溶液里。

（5）过会儿将卫生球取出来，你会发现之前削掉的缺口已经补好了。

【实验原理】

削掉的缺口又补好了，这是什么原因呢？

固体物质在溶剂中溶解了的分子或离子，会保持在溶液中运动，当它们和相同物质的固体相遇时，就可能会停留在固体上，从而再次凝固为固体。溶液的浓度越大形成固体的效果就越好。固体和同质饱和溶液在相同时间里的分子和离子数相等。所以，当我们把卫生球放在溶液中时溶液就会附在卫生球上，形成固体补上卫生球的缺口，这个过程叫作淀积作用。

【实验中的科学】

淀积作用最重要的用途就是，它可以把工业的各种绝缘薄膜层和导电薄膜层贴在硅片上，芯片加工过程中最重要的步骤就是这一环节。我们身边的各种电子产品的芯片就是这么生成的。

从水中跑出的盐

【实验材料】

精盐，一根铁钉，一些热水，一个透明玻璃瓶，一截木棍，一根细绳。

【实验步骤】

你知道我们平时吃的盐是怎么来的吗？让我们跟着这个小实验一起了解一下吧。

（1）在玻璃瓶中加入热水，取大量精盐加入热水中搅拌。

（2）把一根绳子的一端系在木棍上，另一端系在铁钉上。

（3）把有铁钉的一端放入瓶中，另一端悬吊在瓶外。

（4）将玻璃瓶放在阳光充足的地方，几天后再来观察玻璃瓶。

（5）你会看到有铁钉的那一端绳子上有许多盐的晶体。

【实验原理】

盐是如何从水中跑到铁钉和细绳上去的呢？

水是会蒸发的，当我们把水和盐混在一起时，水分子和盐分子会一起向外蒸发，由于盐分子的密度大于水分子的密度。所以水分子会一直向上升，而盐分子会在一定高度时落下来，落在绳子上就形成了晶体。

【实验中的科学】

中国最初是刮取海边上的咸土来制作盐的。后来用草木灰吸取海水作为制盐原料。在盐生产中，井盐的做法最复杂。在北宋时期出现了卓筒井。它的出现标志着中国古代深井钻凿工艺的成熟，也增加了获取盐的途径。

自 制 烟 花

【实验材料】

方糖，铁丝，蜡烛，香灰。

【实验步骤】

美丽的烟花是所有孩子的最爱。你想自制烟花吗？只用普通的方糖就可以。

（1）在方糖上缠一块细铁丝，留出一截做把柄用。

（2）点燃蜡烛熏方糖的一角（方糖不会被烧掉只会熏黑），这层黑色的物质就是蜡烛熏上去的碳。

（3）再拿些香灰撒在方糖的另一角（没被燃烧过的），继续用蜡烛烧。

（4）这下方糖就可以燃烧了，在燃烧时会冒出一个个小气泡，发出蓝色的火焰，喷出漂亮的小烟圈，就像烟花一样。

（5）燃烧结束之后，原本雪白的方糖就只剩下硬硬的黑色物质了。

【实验原理】

方糖究竟是如何燃烧起来变成美丽的烟花的呢？

其实，糖是由氧、碳、氢三种元素组成的有机化合物，燃烧所消耗的是其中的氢元素和氧元素。燃烧后剩下的黑色物质则以碳元素为主，其中的氢和氧都在燃烧时散发到空气中去了。

【实验中的科学】

有机化合物是由碳元素、氧元素、氢元素等组成，是生命由来的物质基础。生物体内的遗传和新陈代谢氨基酸、蛋白质、叶绿素、酶、脂肪、血红素、糖、激素等都涉及有机化合物的转变。在我们日常生活中常用的物质如棉花、化纤、天然气、石油、染料、天然和合成药物等都含有机化合物。

牛奶与醋的艺术品

【实验材料】

食醋，500毫升牛奶，丝袜。

【实验步骤】

只用牛奶和醋就能做出晶莹剔透的艺术品，难道你不想自己试试吗？

（1）将500毫升牛奶在锅中加热，等到牛奶快沸腾之前熄灭火源。

（2）盛出牛奶，加入少许（约一汤匙）食醋，搅拌均匀后放置冷却。

（3）用丝袜过滤冷却后的牛奶，将过滤出的物质制成你喜欢的形状，放置起来。

（4）几天后你会发现它变得很坚硬，而且晶莹剔透，特别好看。

【实验原理】

牛奶和醋加工后会变成美丽的艺术品，这里到底有什么秘密呢？

醋中含有多种酸性物质，而牛奶中有大量圆体颗粒均匀地扩散在全部液体中，它们相溶后，食醋会使牛奶中的圆体颗粒凝结成固体，这种固体被称为"凝乳"，让牛奶中的胶体混合物集中凝集，所以会慢慢地凝固。

【实验中的科学】

物体会根据其中是否存在碳元素而分成两大类。无碳成分的化合物称

越玩越爱玩的实验趣味游戏

为无机化合物，含有碳成分的化合物称为有机化合物。石油里的有机化合物可以制成塑料，而牛奶能凝固也是因为它含有有机化合物。

会跳的葡萄

【实验材料】

透明玻璃杯，一瓶含有二氧化碳气体的纯净水，几颗葡萄。

【实验步骤】

快看快看！葡萄竟然会跳！只需要把葡萄放进纯净水里就行啦！

（1）把含有二氧化碳的纯净水倒入玻璃杯中。

（2）再将葡萄放进去。

（3）你会发现葡萄一开始会沉入杯底，接着会上下跳动起来。

【实验原理】

葡萄又不是动物，怎么会在水杯里跳上跳下的呢？

原来是因为倒入水杯的纯净水中含有二氧化碳，这些二氧化碳遇到空气后就会释放到空中，它是以小气泡的形式释放的。当小气泡碰到葡萄时会浮在葡萄周围，向上蒸发的气泡会带动葡萄上升，升至一定高度后，小气泡破裂，葡萄自然就会落到杯底，当二氧化碳没有释放完时这个动作会反复进行，所以就会看到葡萄上下跳动的画面。

二氧化碳是一种无臭、无色、无味的气体，只有将它压在钢瓶中时会变成无色液体，被称为液态二氧化碳，它蒸发时一部分会气化吸热，另一部分骤冷变成雪状固体。二氧化碳重于空气，它无毒但不能供人呼吸，是一种窒息性气体。

越玩越爱玩的实验趣味游戏

自制灭火器

【实验材料】

食醋，苏打，胶卷盒。

【实验步骤】

你一定对那些红色的灭火器很好奇，你也一定听说过这些灭火器在使

162

用时会喷出大量白色的泡沫。其实，我们自己也可以做简易的小灭火器。

(1) 为了防止化学反应速度过快，取三汤匙苏打放在纸巾上包成糖块状。

(2) 把包好的苏打放在胶卷盒里。

(3) 在胶卷盒里倒入食醋，以最快速度盖好盖子。

(4) 过一会儿，盖子被顶开，并且冲出大量泡沫。

【实验原理】

这些泡沫究竟是哪来的？连坚固的盒盖都被顶飞了呢！

苏打和食醋相溶会发生化学反应，生成二氧化碳。当生成的二氧化碳过多时会形成较大的压力，压力的密度大于盒子的体积时，它就会冲开盒子，所以二氧化碳和液体混合在一起形成的泡沫会溢出胶卷盒外。

【实验中的科学】

泡沫灭火器的制造原理就是这样得到的，泡沫灭火器中含有碳酸氢钠和硫酸铝溶液，摇动泡沫灭火器时，碳酸氢钠和硫酸铝混合会发生化学反应，生成二氧化碳和氢氧化铝。氢氧化铝类似于一种糨糊，会将二氧化碳包围，在火中二氧化碳跑不出去就会阻隔了氧气，从而达到灭火的目的。

第六章　化学大世界

会燃烧的橘子水

【实验材料】

新鲜的橘子皮，一支蜡烛。

【实验步骤】

你也许永远也想不到，从橘子皮里面挤出的水一样的液体，竟然是可以燃烧的！

(1) 在一间较黑的屋子里点燃桌上的蜡烛。

(2) 拿着新鲜橘子皮往火焰上挤压橘子汁。

(3) 当橘子汁溅到火焰上时，会迸溅出火花。

【实验原理】

橘子皮上挤出来的水很神奇地燃起了火花，这是什么原因呢？

橘子水可以燃烧是因为其中含有植物油，而油本身属于易燃物，当橘子中的植物油滴到蜡烛的火焰上时就会燃烧起来，形成火花。

【实验中的科学】

甘油和脂肪酸化合而成的天然化合物被称为植物油脂。植物油脂多从果肉、植物种子中提取出来的。因为性状的差异被分为脂和油两类。把常温下为半固体或固体者称为脂，把常温下为液体的称为油。

第六章　化学大世界

第七章 人体器官小实验

心跳为什么会变化

【实验材料】

秒表，纸，笔，冰水。

【实验步骤】

你知道你的心脏每分钟能跳多少下吗？不知道？那还不赶快测一测。其实，人的心跳并不是一个稳定的数值，是会随时变化的。

（1）测一下自己的脉搏，用右手的食指和中指按在左手的手腕内侧，感受通过脉搏相传递的心脏跳动。

（2）记录下这15秒钟心跳的次数，用心跳的次数乘以4就是你的心率。

（3）做完之后把手放入凉水中浸泡一会儿。

（4）把手从凉水中拿出来再测一次心率，你会发现你的心率比以前高了。

【实验原理】

为什么手在泡过凉水之后，心跳就会莫名其妙地加快呢？

169

人体的细胞都有热胀冷缩效应，心率增加是因为手浸入凉水后会冷却从而使手部血管缩窄。此时血液流通受到阻碍，心跳就会加快。

【实验中的科学】

手是人体的重要部位，在身体外部，许多工作都是借助手来完成的。我们可以通过手得知我们的身体状况。在医院里看病时，医生总会看手心，这是因为我们体内各个器官的健康状况，都会通过手心的纹路颜色显示出来。

大脑的指挥功能

【实验材料】

一支笔，一张白纸。

【实验步骤】

当你在同一时间里干两件事时，能把它们都干好吗？肯定干不好吧，不相信的话就来试试看。

(1) 把准备好的白纸放在桌子上。

(2) 用脚在地面上画圈，一直保持这个动作。

(3) 手拿起一支笔，试着在纸上随意写字。

(4) 过一会儿你会发现，写的字和脚画圈的轨迹一样呈圆弧迹，而且根本就认不出来。

【实验原理】

为什么人总是无法在同一时间里干好两件事呢?

这是因为当你用脚在地上画圈的时候，脚的运动信号会传输给大脑，大脑会接收你的脚画圈的信号。这时你用手写字的信号很难传入大脑，手没有大脑的指令，就像军队没有指挥官一样乱了套。这就是人的大脑不能在同一时间里指挥做两件或两件以上事的原因。

【实验中的科学】

大脑指挥人体的指令被称为注意力。我们的整个心理反应和身体活动都是由注意力引导的。只有先注意到这件事物，才能给大脑传输信号，让大脑发出指令，继而完成动作。

第七章　人体器官小实验

人体的温度差

【实验材料】

一支体温计。

【实验步骤】

还记得你发烧时，妈妈总是会摸摸你额头的温度吗？妈妈为什么要这样做？这个实验会告诉你答案。

（1）把准备好的体温计拿出来。

（2）用体温计测量一下自己大腿的温度，把温度记录下来。

（3）再用体温计测量一下自己额头的温度，把温度记录下来。

（4）你会发现额头的温度比大腿的温度高。

【实验原理】

额头和大腿都在我们身上，为什么它们的温度会有差别呢？

人体表面各处的温度会因为热量散失不均衡而有差别。大腿和额头的血液流动速度、血管壁厚度、皮肤的厚度都不一样，所以血液的温度自然也就不一样了。

【实验中的科学】

由于大腿的表层皮肤处于长期休眠状态，而大脑要思考问题，所以它的活动量也比较大，长期以来大脑表层会出现褶皱，这些褶皱增加了大脑的表层面积，而且繁重的思考会使额外的热量增加，所以额头的温度会比大腿的温度要高一些。

眼睛的妙用

【实验材料】

一些照片。

【实验步骤】

你肯定看过 3D 电影，这没什么奇怪的，可是你见过 3D 的照片吗？照下面的步骤做就可以喽！

（1）第一种方法：拿一张照片，双眼平视，一张一张地看。

（2）第二种方法：将一只眼睛闭起来，把照片调到看起来最清晰的距离。

（3）当用两种方法看完照片时发现，用第一种方法看的时候，感觉照片只是平面的图片。

（4）用第二种方法看的时候，就能感觉出照片中景物或人之间的前后距离，好像是动态的画面。

【实验原理】

普普通通的照片原来也有3D的看法呢！我们的眼睛真是妙用无穷啊！现在来了解一下其中的原理吧。

照相机从制造原理上来说，就是一只眼睛，图片在玻璃上所显示出的大小，取决于透镜和被拍物体之间的距离。相机底片上的图像和我们把一只眼睛放到镜头上看到的图像的大小是相同的。如果我们想从照片上看到跟原景物相同的印象，就只能用一只眼睛来看，并且要调整好眼睛跟照片之间的距离。

【实验中的科学】

当我们看一个立体的东西时，由于两个眼睛的视网膜位置不同，所以左眼看到的物体形状和右眼看到的物体形状不一样。如果物体本身是立体图形，只要你调好位置，怎么看它都是立体的，但画出来或者照上去的立体照片，只有用以上实验的第二种方法才能看出来它的立体效果。

越玩越爱玩的实验趣味游戏

瞳孔的变化

【实验材料】

手电筒，镜子。

【实验步骤】

大人们常说猫的眼睛变化无常，其实我们自己的眼睛也可以和猫的眼睛一样呢！

(1) 面对镜子，看着镜子里自己的眼睛。

(2) 仔细盯着自己的瞳孔，眼睛正中间颜色最深的部分就是我们的瞳孔。

(3) 拿起手电筒，从侧面照自己的眼睛。

(4) 在镜子里，我们会发现瞳孔会很迅速地缩小。

【实验原理】

这实在是太神奇了！为什么我们的瞳孔会随着光线的变化而变化呢？

原来，在黑暗时瞳孔张大，以便接收更多的光线，才能看清眼前的事物。而在光线好时，瞳孔就会自动缩小，挡住强光，这样就会免除眼睛内部被强光刺伤的可能。

【实验中的科学】

一般生物的瞳孔为缝状或者圆形，只有少数动物的瞳孔是异形的。人

175

类的瞳孔在光线暗淡时，直径为 8 毫米左右，在强光下直径约为 1.5 毫米。除了少数鱼类，其他大多数动物的瞳孔大小变化由不自觉的虹膜伸缩控制，以掌握光线进入眼中的强度。

视差的形成

【实验材料】

一支有笔帽的笔。

【实验步骤】

把笔套进笔帽里，这实在是一件再容易不过的事了。可是有朝一日你会连这么简单的事都做不到，而且不是老了之后。

（1）将双臂平行向前伸直。

（2）一只手拿笔帽，另一只手拿笔，笔尖和笔帽口相对。

（3）闭起一只眼睛，将笔帽往笔上套。

（4）会出现什么结果，没套上吧？

【实验原理】

为什么我们的双手不听使唤了？其实，这是眼睛惹的祸。

当我们用眼睛来测量物体之间的距离时，靠的是左右眼睛的视差。只有用左眼和右眼同时测量物体时，才能给物体比较准的距离定位。

越玩越爱玩的实验趣味游戏

【实验中的科学】

当我们看比较远的物体时，视差会随着物体变小。所以，当两个人一同从远方走来时，就很难断定谁会离我们更近一些。其实，天上的每一颗星星和地球的距离是不一样的。但是因为它们都离我们太远，所以看起来好像每一颗星星的距离和我们都是一样的。

后像的产生

【实验材料】

一些图画笔，一张白纸，一把剪刀，两根细绳子。

【实验步骤】

当纸的一面画有一只小鸟，另一面画有一只笼子时，能不能有什么方法让小鸟住进笼子里呢？

（1）在白纸的任意一面画上一个鸟笼。

（2）在画有鸟笼纸上的对面画上一只小鸟。

（3）拿出剪刀，在纸的两端各剪出一个小孔。

（4）将细绳穿入小孔里，拉动绳子，让纸片旋转起来。

（5）你会很惊奇地发现原本没有在一起的小鸟和鸟笼竟然合在了一起，就像小鸟在鸟笼中一样。

【实验原理】

为什么纸片一转起来，小鸟就能住进笼子里呢？

这是因为人的眼睛会产生暂留现象。先看到鸟笼挂在空中，当我们的视觉还停留在鸟笼上时，又看到了小鸟。所以小鸟和鸟笼在视觉中合为一体，形成了鸟在笼中的画面。

【实验中的科学】

物体进入人的大脑，是因为光的传播，光在传播过程中会有短暂的停留。光将物体传入大后，视觉映像会短暂停留，被称为"后像"。所以当物体在人的眼前消失时，眼睛还能继续保持视觉映像 0.1~0.4 秒。

幻　影

【实验材料】

一张卡纸。

【实验步骤】

大人们常说，耳听为虚，眼见为实，可是当你的眼睛看到不存在的东西的时候，你该怎么办呢？

（1）将一张卡纸卷成一个圆纸筒，直径约为二三厘米。

（2）把左眼对入左手的纸筒里，右手的手心朝着自己，贴着纸筒壁，放在右眼前。

（3）睁开眼睛看前面，你会发现你的右手心里出现了一个圆孔。

【实验原理】

难道眼睛坏掉了吗？明明右手心里没有圆筒，可是为什么自己还能看到呢？

可以很确定地说，你看到的只是一个幻影，这是因为人的双眼在一般情况下只能产生共同的映像。当你用两个眼睛看不同的事物时，大脑会本能地把这两个东西重叠在一起，所以，这就是为什么右手上会出现一个圆的原因。

【实验中的科学】

视觉是人类器官中最复杂的东西。大脑的两个半球会将人的每一只眼睛的视野分解。每只眼睛视野的左半部分由大脑的右半球负责，而每只眼睛的视野的右半部分由大脑的左半球负责。这样一来，大脑便有了4个独立且不完整的视野部分。尽管如此，却因为生活习惯，每个人还是会有自己的一只惯用眼。

盲　点

【实验材料】

一支笔，一张白纸。

【实验步骤】

你知道吗？其实我们的眼睛是最笨的啦！我们随随便便就可以骗过它，把好好的东西变不见！

（1）用笔在白纸上画一个小圆点。

（2）闭起一只眼睛，将纸拿在手中。

（3）睁着的一只眼睛对准圆点，慢慢地调动眼睛与白纸之间的距离。

（4）你会发现圆点看不到了。

【实验原理】

你看，眼睛是不是很笨呢？明明有个小圆点在那里，它却就是看不见。可是，那个小圆点究竟去哪儿了呢？

在眼睛中，接受映像的神经被称为视神经，它在视网膜前面。它们接受到映像时会聚集成一个点，穿过视网膜从而到达大脑。如果有一个映像正好落在这个点上就会看不到，并且形成视野缝隙，被称作盲点。当物体或光恰好落在盲点上时，视神经会无法感知。

【实验中的科学】

当用两只眼睛同时看东西时，物体的反射光线到达左右视网膜上的位置是不一样的，而且两条光线不可能同时落在盲点上。只要有一条光线没有落在盲点上，我们看到的东西就会是完整的。所以，只有闭上一只眼的时候才能感觉到盲点的存在。

奇妙的内耳

【实验材料】

一根圆木桩。

【实验步骤】

你相信自己的走路能力吗？我可以让你走起路来弯弯曲曲的活像喝醉了酒，不信就挑战一下吧！

（1）在地面上立一柱约和你大腿高低相同的圆木桩。

（2）手扶着木桩，弯着腰开始围木桩转。

（3）几圈后松开木桩笔直向前走。

第七章 人体器官小实验

（4）可是很奇怪，你感觉自己是在直走，但腿却不听使唤，像喝醉了酒似的，走出的路弯弯曲曲。

【实验原理】

为什么我不能像以前那样走直线了？你一定在奇怪，现在让科学来给你答案吧！

原来，人耳内有一种液体被称为外淋巴，它与一种被称为纤毛的细小感觉细胞同在。纤毛笔直竖立时处于静止状态，当人在转圈的时候，液体的外淋巴会带动纤毛一起旋转。纤毛弯曲会让人产生眩晕感。当转动的身体停下来时，因为惯性，外淋巴暂时无法停止运动，所以大脑发出的指令会在这一短时期内受影响。

【实验中的科学】

椭圆囊、球囊和三个半规管是与维持姿势平衡有关的内耳感受装置，半规管是组成人和脊椎动物内耳迷路的部分。它是三根互相垂直的半圆形小管，被分成：膜半规管和骨半规管。当人的身体失衡时，半规管会产生平衡脉冲，通过人脑平衡中枢激发相应的反射动作，从而使身体恢复平衡，尽可能地避免被伤害。

味蕾的刺激

【实验材料】

两个碗，西瓜、红豆汤，一些盐。

【实验步骤】

盐是咸的，糖是甜的，这谁都知道。可是如果我告诉你在食物里加盐后食物会变甜，你会不会觉得我是在骗人呢？

(1) 将一个西瓜切成两份，在任意一份中撒上少许盐。

(2) 先开始吃没有加盐的一份，再吃加了盐的一部分。

(3) 是不是感觉西瓜变得更甜了？

(4) 做一份红豆汤，分别盛在两个碗里。

(5) 在两个碗里加上相同量的白糖，再给其中的一份加上少许盐。先喝没有加盐的，然后再喝加了盐的。

(6) 是不是感觉加了盐的那一碗比加了糖的那一碗还要甜？

【实验原理】

加了盐的食物怎么可能会变甜？这太奇怪了！

其实并不是盐让食物变甜了，而是味蕾产生的错觉进入了器官。味蕾是感知食物味道的主要因素，如果我们不停地给味蕾过重的刺激，它就会对这种味道的感觉越来越迟钝。只要我们用相反的味道来刺激味蕾，味蕾将会慢慢地恢复之前的味觉。

【实验中的科学】

我们平时在日常生活中感觉到的酸、甜、苦、辣、咸等味道，都是由味蕾传递的。而味蕾所接受的味道也有分工。比如说：酸，主要分布在舌中的两侧后半部分；苦，主要分布在舌头的根部；甜，主要分布在舌尖的部分。

味道的感知

【实验材料】

一块布，梨，菠萝，苹果等。

【实验步骤】

如果我问你，你吃东西的时候是用哪种器官感知它的味道的？你一定

越玩越爱玩的实验趣味游戏

觉得这个问题很傻，答案当然是舌头啦。可是在做过这个实验之后你就会发现，你的舌头其实是靠不住的。

（1）把准备好的梨、菠萝、苹果等交给你的同伴。

（2）让他帮忙将切成约 5 毫米大小相等的正方体。

（3）你用一块布将眼睛蒙起来，用手捂住鼻子。

（4）让旁边的人把切好的水果放在你舌头上停留几秒钟，你能猜出它是哪一种水果吗？

【实验原理】

怎么样？如果没有眼睛和鼻子的话，舌头是不是就不灵了？

大部分人认为味道是舌头尝出来的，其实并不完全正确，是由鼻子和眼睛感觉到味道的同时，将感觉送入大脑神经，由神经输送出感觉的信号，再由舌头尝味道。所以当把水果切得很小时，它的味道就不容易闻到，再蒙上眼睛，就会很难尝出水果的味道。

【实验中的科学】

我们的舌头上有一种器官，叫"味蕾"，它是阻止味觉的主要因素。虽然数量不多，但由于它分散广泛，所以很难感觉到比较清淡的味道。

阳光与喷嚏

【实验材料】

灼热的太阳。

【实验步骤】

喷嚏不是你想打就能打。如果我说有一种方法能让你随时都能打喷嚏，你信不信？

(1) 先在比较阴暗的屋子里待一段时间。

(2) 然后从屋子里走到有太阳的地方。

(3) 当你看一下太阳的时候就会打一个大大的喷嚏。

【实验原理】

肯定是阳光搞的鬼！可是阳光和打喷嚏之间究竟有什么关系呢？

通过鼻腔将进入人体的异物（如灰尘、细菌、花粉等）驱赶出来的现象被称为打喷嚏，有太阳的地方温度相对比较高，空气中会产生大量毛发纤维和尘埃颗粒。当人从阴暗的地方出来时这些异物会很快进入鼻中，位于鼻黏膜上的三叉神经向作用于肺部的呼吸肌肉发出指令，将这些异物驱除，所以人就会打喷嚏了。

【实验中的科学】

一条三叉神经会支配眼睛和鼻子的知觉，当器官受到外界强烈刺激，防御反应就会混在一起，从而引起打喷嚏的现象。当强烈的阳光进入眼睛后，鼻腔误以为是自己受到了刺激，所以会以喷嚏这种现象将异物驱除。

越玩越爱玩的实验趣味游戏

温度的感受

【实验材料】

准备 3 个水盆，分别放入冷水、常温水和热水。

【实验步骤】

想知道一盆水是凉还是热，当然只要用手试一试就可以了。可是当你的手浸入热水却感觉凉，浸入凉水会感觉热的时候，你会不会很害怕呢？

（1）准备好一盆温水，一盆冷水和一盆热水。

（2）把左手和右手分别放入冷水和热水里浸泡。

（3）一会儿后拿出两只手来，把两只手都浸在常温水中泡。

（4）几分钟后拿出两只手，你会觉得之前在凉水里泡过的那只手热，而在热水里泡过的那只手凉。

【实验原理】

为什么我们的手会突然间连冷热都分不清了呢？

这种反差的冷和热，取决于你和什么作比对。当你先浸过热水后再浸常温水，当然会感觉常温水凉；而浸过凉水再浸常温水，便会感觉常温水热了。这就是感觉常温水又冷又热的原因了。

【实验中的科学】

皮肤的温度感受器分为：温觉感受器和冷觉感受器。外界的温度变化就是通过它们传入人体的。人体的温点少于冷点。而且由于冷感受器官在人体浅层，所以冷的感受性比较强。在所有器官中只有眼睛比较抗冷。

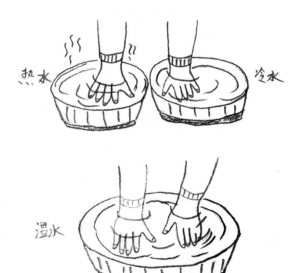

摸到两个鼻子

【实验材料】

自己的手指。

【实验步骤】

如果你突然间摸到自己有两个鼻子，会不会很可怕？怎么，不信？照我说的做。

（1）把食指和中指两个指头交叉在一起，食指朝下，放在自己的鼻子上来回摩擦。

（2）此时你会产生一种很奇妙的感觉。

（3）那就是感觉自己摸到了两个鼻子。

【实验原理】

为什么两个手指交叉起来就能感觉到自己有两个鼻子呢？

这是因为当食指和中指交叉后，它们便颠倒了位置。而我们手上的每一根指头都是单独向大脑提供触摸感的，并且在同一时间里两根手指摸到的鼻子位置不一样。所以才会产生摸到两个鼻子的感觉。

【实验中的科学】

错觉是人本身对外体事物发生了歪曲的知觉。错觉常常发生在视觉、味觉、嗅觉和触觉里。比如：当我们坐着车经过树林时，会觉得树木在移动，这种错觉被称为"运动错觉"；当我们掂量 1 斤铁和 1 斤棉花时，会觉得 1 斤铁比较重，这种错觉被称为"形重错觉"。

手为什么会一直在抖

【实验材料】

一把小刀，一截细铁丝。

【实验步骤】

你的手很听话吗？可是在这个实验中，它为什么一直在抖个不停？

(1) 准备好一截细铁丝，将它折成"V"字形。

(2) 把折好的铁丝慢慢地放在小刀的背部。

(3) 把小刀竖立在桌子上，并用手握住小刀，保持手不动。

(4) 可是你越不想动，想让铁丝保持平稳，铁丝越会不停地抖动。

【实验原理】

不要害怕，其实并不是你的手生病了，让我们来看看科学是怎么解释这个现象的吧。

人手的肌肉也会像脉搏一样收缩跳动，当你不凭借任何支撑力或支撑点时，想让手保持静止不动是一件很难的事。这种细微颤动在平时很难观察到，只有在这样的情况下才会清楚地显示出来。

【实验中的科学】

人的皮肤无时无刻都是在抖动的，这种抖动被分为病理性手抖动和生理性手抖动。而我们的实验属于正常的生理性手抖动。它的幅度小而速度特别快。一般在静止时出现，是一种无规律的、细小的、快速的抖动。只有在情绪不稳定或精神受刺激的情况下才会出现生理性手抖动。

手臂突然变短

【实验材料】

双臂。

【实验步骤】

章鱼的触角有长有短，人的双臂却都是一样长的。可是，这个实验却可以暂时让你的两条手臂不一样长。怎么样，要不要鼓起勇气试一下？

（1）将双臂水平向前伸直，与肩同宽。

（2）一只手臂仍然保持现在的姿势，另一直手大幅度做水平屈伸动作，而且速度越快越好，连续做30次。

（3）做完后，和开始一样把双臂水平向前伸直，比一下是不是刚刚做过运动的那只手臂比另一只手臂要短一些。

【实验原理】

为什么？为什么手臂会突然变短了？这太奇怪了！

每个人的关节都是有空隙的，在进行剧烈运动后，肌肉处于绷紧状态。而这时关节处的缝隙也会暂时紧缩，所以手臂就会变短一些。等休息之后肌肉会自动拉伸放松，又会恢复到和以前一样。

【实验中的科学】

骨骼相连接的地方称为关节，如肩与手臂相连接的地方，手臂和手相连接的地方等，在关节的周围有许多肌肉。当我们做屈伸运动时，肌肉就会相应收缩。

手指的灵活度

【实验材料】

四枚硬币。

越玩越爱玩的实验趣味游戏

【实验步骤】

十个手指就像是十位好朋友,可是就算是一群朋友之间也有最亲密的两个,你知道十根手指中,哪两个手指是最亲密的好朋友吗?

(1) 伸出双手打开手指,手指肚相对。

(2) 让朋友帮你在拇指、食指、无名指和小指之间各加一枚硬币。

(3) 两个手的中指向掌心弯曲,使它们的第二个关节相互并拢。

(4) 试着松开夹硬币的手指,你会发现在中指不动的情况下,两个无名指是无法松开的,而且那枚硬币依然夹在无名指上掉不下来。

【实验原理】

看来两根无名指之间的关系真的很好哦,可为什么它们很难分开呢?

肌肉和韧带是连接人体骨骼的主要组织,被称为"连接组织"。中指与无名指之间的连接组织特别紧密。当中指固定时,它们之间的连接组织也被固定,所以无名指就会动不了。

【实验中的科学】

无名指是人类最不灵活的手指。拇指、食指和小指是人手的主要功能指,准确精细的动作要靠它们协调配合完成。中指在各项劳动中所承担的力量要大于无名指,所以化验采血的职责便理所应当地落在了无名指上。

会隐身的手指

【实验材料】

彩色电视机

【实验步骤】

悄悄告诉你，你的手指会隐身，只要一个电视就可以做到！还不快去试一试？

（1）把屋子里的灯关上，打开彩色电视机。

（2）把手指放在电视机前来回晃动。

（3）你会发现手指断断续续、时有时无，而且有时手指上有色彩，好像照相机使用闪光灯的效果，但有时又会没有了。

【实验原理】

当我们把手指在电视机前来回晃动时，为什么手指会突然变得时有时无？问题出在电视上吗？

电视画面每秒可以转换30个画面，在转换过程中它会有灭的一瞬间。当手指迅速晃动时，电视屏幕处于忽亮忽灭的循环状态，所以我们看到的手指是断断续续的。

【实验中的科学】

电视会有颜色是因为显像管打出主板上的电子到屏幕上，它们射入屏

越玩越爱玩的实验趣味游戏

幕的角度不同，所以会出现各种不同的色彩。

抓　尺　子

【实验材料】

一把尺子。

【实验步骤】

一把小小的尺子经常是我们手里的玩物，但是有的时候就算它在你的手心里你也指挥不了它，你相信吗？如果不相信就自己试一试吧。

（1）和你的朋友来做游戏。

（2）请他伸出一只手，手臂水平前伸，手心向上。

（3）把尺子竖立在他的手掌心上方，你松手，让他抓尺子。

（4）你会发现无论这个实验做多少次，你的朋友始终也不会抓住这把尺子。

【实验原理】

为什么尺子明明已经在手里了，却还是抓来抓去也抓不住呢？

当我们看到尺子往下掉时，要通过各种神经向大脑传输这个信息，当大脑接收到信息后才能向手指发出命令。而这个时候尺子早已掉下去了。

【实验中的科学】

在身体神经中最基本的活动就是神经反射。反射的过程需要一个完整的弧线组成，被称为反射弧，是反射活动的结构基础。它由感受器、传入神经、神经中枢、传出神经、效应器 5 个基本部分组成。当它的任意一个部分出现故障或受到阻碍时，外界事物发生变化大脑就不能做出相应反应。

骨骼也能听到声音

【实验材料】

橡皮，音叉，一些新棉花，洗干净的手。

【实验步骤】

你知道人体有哪些部位可以听到声音吗？不要告诉我只有耳朵哦！如果想知道，就来试试看！

（1）用两团棉花把耳朵塞起来，将指甲在桌面上轻轻地来回划动，一般情况下听不到这种声音。

（2）用指甲轻轻地划自己的牙齿，这时候你一定会听到特别大的磕碰声。

（3）我们可以判断出这个声音不是从耳朵里传入的。

（4）依然用两团棉花把耳朵塞起来，拿出一根音叉，用橡皮敲击使其振动，但由于声音太小，所以无法听到。

（5）用音叉的底部分别抵住你的颧骨、额骨和头盖骨，音叉振动的声音会很清晰地回荡在你的脑海里。

（6）当音叉离开这些部位，又会没有声音了。

【实验原理】

为什么我们的骨骼也能听到声音，难道我们的骨骼里真的有耳朵吗？其实真相是这样的。

我们之所以能听到声音，是因为有空气传导和骨传导，以空气传导为主。声波传入空气被耳郭聚集，由外耳道传入骨膜，再由具有扩音作用的鼓室传入大脑。指甲划动牙齿听到的声音为骨传导。

【实验中的科学】

骨传导分为移动式和挤压式两种方式。两者都可以刺激螺旋器从而引起听觉，它的传播途径为："声波—颅骨—骨迷路—内耳淋巴液—螺旋器—听神经—大脑皮层听觉中枢。"当我们抓头皮时，吃水果或刷牙时，发出的声音都是由骨传导传入大脑的。据说：海蛇是通过颚骨获取在水中声音的振动传入耳朵的。

越玩越爱玩的实验趣味游戏

第八章　奇妙生物小实验

花朵为什么会变色

【实验材料】

一些清水，一些糖，一些醋，四朵相同浅色的花，一些盐，4 个玻璃杯。

【实验步骤】

我们都知道花儿长大后是什么颜色就会一直是什么颜色，你能想一个办法让它变色吗？如果不会就跟我来吧！

（1）把准备好的玻璃杯放在桌子上。

（2）往四个杯中加入相同量的清水，在三个杯中分别加入糖、醋和盐，剩下的一杯保留原有的清水。

（3）把准备好的花分别往每个杯子里插一朵。

（4）观察片刻你会发现，其他三个杯子中的花还是原来的颜色，而只有醋水中的花颜色变红了，并且会随着时间的延长越来越红。

【实验原理】

为什么醋水会让花儿变红呢?

花瓣中含有一种"花青素"的色素,这种色素与酸性物质融合在一起会变成红色,与碱性物质融合在一起会变成蓝色。当我们把花插入醋中时,醋会通过花枝的径到达花瓣,从而使花瓣变成红色。

【实验中的科学】

色阶是色素的另一种说法,屏幕亮度的指数标准就是通过它来显示的。色素能使有机体拥有各种不同的颜色物质,许多具有色泽的天然食品可以增进人的食欲。

色素被分为天然色素与人工合成色素两类。天然色素是从植物、动物和微生物中提取出来的,人工色素是人工化学合成的有机色素。

为什么樱桃会裂开

【实验材料】

盛有清水的水盆，一些樱桃。

【实验步骤】

樱桃是一种人人都喜欢吃的水果，可是在洗樱桃的时候，不少樱桃都会纷纷裂开，这又是怎么回事？

(1) 将盛有清水的水盆放在桌子上。

(2) 挑一些成熟的樱桃慢慢地放入水盆中。

(3) 过一会儿，水中就会有一些樱桃裂开了。

【实验原理】

为什么樱桃浸在水里时间久了就会裂开？

水可以通过樱桃表皮的毛孔渗入到樱桃里面，但是它本身的能量并不会流失，反而增加了樱桃体内的压力，所以樱桃就会裂开。

【实验中的科学】

水分子就像积木一样是有重力的，当身体浸在水中时，身体的正上方会被水压着。水都是漂浮着的，它需要有支点来支撑它的重量，而这时你正好是这个支点。当你潜入水中越深时，它所需要的支撑力就越大，所以你的压力也会越来越大。

第八章　奇妙生物小实验

小小豆子力量大

【实验材料】

一些黄豆，一些清水，一个透明的玻璃杯。

【实验步骤】

人人都知道玻璃杯比豆子硬多了，但是在什么情况下豆子会把玻璃杯弄破？

(1) 把干黄豆放进玻璃杯里，加入适量的清水，盖上盖子。

(2) 等到黄豆把瓶中的水完全吸收掉后，再加水，盖上盖子。

(3) 反复做几次后你会发现豆子把玻璃杯撑破了。

【实验原理】

小小的豆子怎么能把结实的玻璃杯撑破呢？

豆子体内有非常强的吸水组织结构，它吸入水后体积会迅速膨胀起来，并且产生了很大的压力，这种压力会将玻璃瓶撑破。

【实验中的科学】

植物组织中含有纤维素、果胶物质、淀粉和蛋白质等多种物质。它们的吸水性很强。在它们体内的水分没有饱和之前，潜伏着极强的吸水能力。风干种子就是最明显的例子，它体内储存了大量淀粉和蛋白质，豆子吸水后把淀粉和蛋白质混合在一起，就会迅速膨胀起来，并且它的压力是非常大的。

仙人掌的净化功能

【实验材料】

一把小刀，一杯浑水，一片仙人掌。

【实验步骤】

想让脏水变干净？只要一片仙人掌就可以做到哦！不信就来试试吧！

（1）拿出一片仙人掌放在桌子上，用小刀随意在仙人掌上划出条口子来。

（2）把仙人掌里面的汁挤出来，然后将仙人掌汁放入浑水里搅拌一会儿。

（3）你会发现在搅拌的过程中，浑水中会出现蛋花状的沉淀物，而且停止搅拌后杯底会有沉淀物，水也变得干净了。

【实验原理】

原来仙人掌有这么大的本事，可以使浑浊的水变得清澈呢！可是，它究竟是怎么做到的？

仙人掌的汁液有净化工能，是一种天然的净化剂。而且仙人掌的表层比较粗糙，有吸附水中杂质的效果，所以水会变干净。

【实验中的科学】

仙人掌表层的蜡质会将叶子进化成针状，以减少水分蒸发。因为它有肉质组织、蜡质皮肤和尖尖的刺，在艰苦环境中具备了诸多生长优势。这就是仙人掌的生命力为什么比别的植物强的原因。

越玩越爱玩的实验趣味游戏

叶子的光合作用

【实验材料】

两张照片，一片叶形漂亮的天竺葵叶子，酒精杯，盛有热水的水盆，碘酒。

【实验步骤】

照过照片之后，爸爸妈妈会把我们的照片打印在相纸上。你可以问问他们，看他们会不会把照片印在树叶上？相信我，他们一定不会。

（1）把两张照片相互对齐，在两张照片的中间夹上一片叶形漂亮的天竺葵叶子。

（2）拿一个别针把叶子和两张照片固定起来，把它们放在阳光充足的地方照射。

（3）几小时后把叶子和照片分别取下来。

（4）把叶子浸在酒精杯中，然后把酒精杯放在盛有热水的水盆里，注意不要让水进入酒精杯中。

（5）用竹镊翻动叶子至黄白色时取出，再拿一些清水把叶子冲洗一次，然后在叶子上倒一些碘酒。

（6）几分钟后用清水将碘酒冲洗干净，这时你就会在蓝色的叶子上看到你的照片。

（7）把叶子放在玻璃板上让它自然风干后，你就拥有一张精美的叶子照片了。

【实验原理】

我们又没用打印机，照片上的人像是怎么跑到天竺葵叶子上去的呢？

绿色植物的叶绿体能在有光的条件下合成淀粉，淀粉遇碘会变蓝。而映上去的剪影会遮挡住叶片，使它无法进行光合作用，所以就不会产生淀粉，那么不会变色的部分就是你的照片了。

【实验中的科学】

科学把光能转换为化学能的过程称为"光合作用"。我们吃的食物有天然和人工加工两种，天然食物经过大量的光合作用。加工的产品，在加工过程中会过滤掉大部分的光合作用，所以天然食物的营养要比加工食物的高。

水里种西红柿

【实验材料】

广口瓶，土壤，脸盆，西红柿苗，塑料薄膜。

【实验步骤】

绝大多数植物都是种在土里的，不过，你想试试在水里栽种西红柿吗？你一定可以成功的。

（1）在准备好的脸盆里装上 1/3 的沃土，加水至脸盆的 1/2，开始搅拌，使水和土壤均匀混合，把脸盆放起来。

（2）一天后，你会发现土沉淀在脸盆底下，而水又清澈了。

（3）把这种水倒入一个容器中，它是一种土壤提取液，里面含有各种植物生长发育的矿物质。

（4）把土壤提取液装入准备好的广口瓶中，将西红柿苗栽入广口瓶中，用塑料薄膜把周围包好。

（5）放在阳光充足的地方，每五天换一次土壤提取液，你会发现，西红柿苗就像是生长在土壤中一样发育得很好。

【实验原理】

西红柿又不是水仙花，不是应该生长在土里吗？为什么只用土壤提取液就可以把西红柿苗培养得很好呢？

植物是依靠土壤中各种矿物质和其他营养成分生长的，而我们从土壤中提取的水已经吸收了植物生长所需的矿物质和各种营养成分，所以西红柿苗就可以在没有土壤的水中生长得很好了。这也是无土栽培的原理。

【实验中的科学】

无土栽培是一种新种植方法，但直接将植物根系浸入营养液中让它生长，有时会出现缺氧情况，这样一来会影响到植物根系的呼吸，严重时直接导致植物死亡。所以为保证植物的良好发育，还是倡导用真正的土壤来进行栽培。

植物的导电功能

【实验材料】

一株草，一瓶胶，一节电池，两根电线。

【实验步骤】

从小爸爸妈妈就会告诉我们电线是危险的，但是你能想象，连草叶都可以被当作电线使用吗？

（1）把准备好的电池拿在手里，在电池的正负极上分别连接上两根电线，再用胶水把连接处粘好。

（2）把两条电线的另一端分别放在草上，用手碰触。

（3）这时你就会感觉到手指发麻，好像碰到了细微的电流一样。

越玩越爱玩的实验趣味游戏

【实验原理】

草叶又不是电线，为什么用手摸草叶会有被电到的感觉？难道植物真的可以导电吗？

因为植物本身要保持电平衡，所以有生命的植物都是会导电的。植物中的汁液将电池中的电流输送到了手上，手就会发麻。

【实验中的科学】

下雨打雷时不要站在树下，因为雷的电流非常强大，它会让树变成放电的通道，击穿在树下避雨的人。所以说，在有闪电的雨天，在树下避雨是非常危险的。

植物的"蒸腾"

【实验材料】

塑料袋，橡皮泥，一个空玻璃瓶，柳树、杨树等枝条。

【实验步骤】

人是会呼吸的，动物们也都会呼吸。可是如果我问你，植物会不会呼吸，你会怎样回答呢？试一下就知道啦！

（1）按照玻璃瓶口的大小，用橡皮泥给玻璃瓶捏一个瓶塞。

（2）给玻璃瓶加水到瓶颈位置，然后塞上橡皮泥塞。

（3）在橡皮泥塞上戳一个能插进去柳枝的孔，将刚折下的枝条从橡皮泥塞上塞下去，浸入水里。

（4）用塑料袋把露在外面的柳条全部包起来。

（5）半天后去看它，你会发现塑料袋中出现了很多小水珠。

【实验原理】

你往玻璃上呵气，玻璃上会有小小的水珠，塑料袋里的那些小水珠也就是植物的呼吸作用的结果哦！所以我们已经用实验证明了，植物也是会呼吸的！

植物呼吸被称为"蒸腾"。它主要从叶片部位蒸腾，当我们把它盖起来的时候它依然在进行呼吸作用，它散发出的水分就是呼出的气体。这些水分被塑料袋罩住，就会凝结成水珠。

【实验中的科学】

蒸腾作用就是植物内的水分以蒸汽的状态散发到外界的过程。蒸腾被分为角质蒸腾和气孔蒸腾两种。前者是通过角层向外蒸腾，后者是通过气孔向外蒸腾。而植物最主要的蒸腾方式就是气孔蒸腾。

会弯曲的茎

【实验材料】

蒲公英的茎，水杯，一些清水。

【实验步骤】

你喜欢蒲公英吗？你知道蒲公英的茎是直的还是弯的吗？这个关于蒲公英的小实验你一定会喜欢的。

(1) 把准备好的清水倒入水杯里，将蒲公英的茎撕成条放入水中。

(2) 等几分钟后再去观察它，你会看到这些茎全部卷起来了。

【实验原理】

为什么原本笔直的蒲公英的茎在浸了水之后就会卷成一团呢？

蒲公英的茎干中有一种肉质细胞，它专用于储藏水分，肉质细胞储满水后，它的茎就会非常有力，以此来支撑花朵。当我们把它的茎撕成条放入水中，它会迅速吸收大量水分，导致肉质细胞膨胀，且长于外茎。这时撕成条的茎很柔软，所以就会发生卷曲。

【实验中的科学】

大多数植物细胞都会含有或多或少的液泡，液泡是用来储藏液体的。它会在储藏的液体中提取、转运养分，促进代谢运转。相当于仓库和中转站。

会拐弯的幼苗

【实验材料】

黏土，吸水纸，培养皿，四粒玉米种子，脱脂棉，木板。

【实验步骤】

看看家里的盆栽，再想想田里的麦子，这个世界上所有的植物都是长在土上面的。可是如果把花盆翻转180°，让植物向下长，又会发生些什么事呢？

(1) 将四粒玉米种子放在水中浸泡，4个小时后取出来。

(2) 将每粒种子尖头朝向培养皿的中心部位，平放在培养皿底部，上下左右各一粒。

(3) 将一张吸水纸剪成和培养皿直径相同的圆片，盖在种子上。

(4) 把浸湿的脱纸棉铺在吸水纸上，将每一粒种子固定，盖好盖子。

(5) 把培养皿倒立，用泥巴固定在木板上，移到室内25C°左右的地方。

(6) 经常观察它们，如果脱脂棉干了就打开盖子加水。

(7) 过几天后你会从培养皿底看到四粒种子都发芽了，但是它们发芽的方向却不同。

(8) 上面的种子芽向上，根向下，下面的种子根向上，芽向下，而左右两边的种子却是横向发芽。

(9) 再过几天后，你会发现左右下面的种子又有了新的变化，它们的芽拐弯向上生长，而根拐弯向下生长了。

【实验原理】

玉米的种子本该是笔直生长的，可为什么会调皮地拐弯了呢？

植物体内有一种生长素，而植物的生长主要靠它们调节。重力会影响到生长素的分布。植物横着的时候，生长素主要集中在幼芽的下方，当下方的生长速度快时，它的幼芽就向上弯曲了。这也和地球引力有关。

【实验中的科学】

地球引力不仅影响植物的发育方向，而且还会影响开花结果。科学实验证明横向枝条结的花果要比其他方向结的花果多。

酵母的神奇力量

【实验材料】

试管，酵母，面粉，纱布。

【实验步骤】

小孩子每年都会长个子，可是你听说过面团也会长个子吗？告诉你，面团长个子的速度可要比人快多了呢！

（1）将10克面粉放在碗中，加水和成面团。

（2）将面团平均分配成两份，在其中一份中加入酵母。

（3）把两个面团平均分配成四份。其中两个没有酵母，两个有酵母。

（4）把四个面团分别装进四个试管中，用纱布包好试管口，拿直尺量出每个面团的长度，标在试管外壁。

（5）在温度比较低的地方，放一支没有加酵母的试管和一支加了酵母的试管。记录这里的温度。

（6）将另外的两支试管放在温度 25~30℃的地方，一刻钟后，你会发现放在冷处的两支试管依然没有什么变化。

（7）放在热处的两支试管中，加了酵母试管中的面团开始伸长，而没加酵母的那支没有变化。

【实验原理】

酵母究竟有什么神奇的力量，可以让可爱的面团快速变长呢？

酵母中含有一种名为酵母菌的细菌，酵母菌会在合适的湿度和温度中迅速繁殖、生长，产生大量二氧化碳气体，增加面团的体积，面团在试管里也就越变越长了。

【实验中的科学】

酵母菌是真菌的一种，和它同类的还有真菌和蕈类。它们是人类日常生活中不可缺少的元素，在很久以前人们酿酒，制酱，做豆腐乳、醋等都要添加酵母和真菌。而现在酵母最常用在馒头和面包中。蕈类也分为可食用蕈和不可食用蕈，如蘑菇、香菇、木耳、猴头、灵芝等都是可以食用的蕈，它们不仅是美味，而且还是特别珍贵的药材。

越玩越爱玩的实验趣味游戏

昆虫喜欢的颜色

【实验材料】

一只蝴蝶，一只蜜蜂，几朵不同颜色的小花。

【实验步骤】

花儿和昆虫是最要好的朋友，可是你知道什么样的昆虫喜欢什么颜色的花儿吗？

(1) 准备好一些花朵摆放在院子里。

(2) 将找好的蜜蜂和蝴蝶放在花朵的附近。

(3) 仔细观察，你会发现只有蝴蝶会停留在红色花朵上。

（4）蜜蜂却只喜欢停在白色和黄色的花朵上。

【实验原理】

为什么蜜蜂喜欢白色和黄色的花儿，而红色的花儿却只能吸引蝴蝶来光顾呢？

在动物中，它们会有各自不能分辨的颜色。就像蜜蜂是看不见红色的，红色的花只有蝴蝶才能发现。大森林里比较黑暗，所以红色和暗红色的花朵是不容易被这些生物发现的。而白色和黄色等颜色比较浅的花，更容易吸引蜜蜂等视觉模糊的昆虫。

【实验中的科学】

生物拟态是指某生物在动作上或形态上模拟另一种生物，从而让双方或自己受益的生态现象。许多有毒的生物都会有警戒色，而一些没有毒的生物也会模仿它们，以来保护自己。在昆虫中也有许多拟态动物。如蛾类和蝇类模仿蜜蜂和黄蜂，从而逃避鸟类捕食。

泥鳅的再生

【实验材料】

一把剪刀，盛有清水的水盆，几条泥鳅。

【实验步骤】

当泥鳅长到一定程度时，它就会不再长大了。是不是有一种方法可以让它再长得更大些呢？

（1）捉来一些泥鳅分成两组，把一组泥鳅的尾鳍从根部剪掉，记录下它们的长度。

（2）一组泥鳅只剪掉它尾鳍上的尖端，记录下它们的长度。

（3）拿出盛好清水的水盆，把这些泥鳅全部放入水里。

（4）好好地观察它们几天，并测量它们的长度。

（5）在每天的测量记录里，你是不是发现泥鳅在慢慢地长大。

（6）很长时间后，你会看到那些从根部剪掉尾鳍的泥鳅，生长的速度比那些只剪掉尾鳍尖端的泥鳅还要生长得快。

【实验原理】

为什么人的身体一旦伤残就无法恢复，但泥鳅的尾巴被剪掉之后却可以再长出来，而且剪得最短的泥鳅长得最快呢？

泥鳅的尾鳍有再生功能。当我们只剪掉泥鳅尾鳍的尖端时，它的生理组织依然是旧的，而把泥鳅的尾鳍从根部剪掉时，它的新生组织比较多，所以就会长得更快一些。

【实验中的科学】

当身体的某个部位有损坏、脱落或被截除后重长出来的过程被称为"再生"。再生能力比较强的都是一些低能动物。比如壁虎在遇困境时会咬断尾巴求生；螃蟹则会断了自己的肢，以求逃命。但是这些动物的部分部位没有了之后都会重新生长出来，这就是再生动物的特有功能。

小青蛙变色快

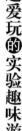

【实验材料】

一张黑色的纸，纱布，两个装入清水的较大玻璃瓶，两只青蛙。

【实验步骤】

人的样子，长大了之后就不会轻易改变。可是长大了的青蛙我们却可以轻易改变它们的样子。快来试试吧，不会伤害这些可爱的动物哦！

（1）把两只青蛙放在盛有清水的玻璃瓶中，用透气性比较好的纱布把瓶口封起来。

（2）把一个玻璃瓶放到阳光比较好的地方，把一只用黑色的纸包起来，过几天后，将三只青蛙放在一起对比。

（3）放在阳光下面的那只青蛙颜色变淡了，而用黑纸包起来的青蛙身上的颜色变得又黑又暗。

【实验原理】

为什么青蛙的样子会改变得这么快？难道是它们生病了吗？

青蛙可以根据外界光线的明暗变化来调整自己皮肤的黑色素，也就是说它身体的颜色是随着外界光线的变化而变化的。这就是为什么青蛙生长在不同的环境中颜色就不一样的原因。

有一种叫变色龙的动物，它的皮肤会随着心情、温度和背景而变化。当一只雄性变色龙保护自己的领域时，就会将暗色转为亮色，以暗示别的变色龙离开这里。当遇上敌人时变色龙会将绿色转为红色，向敌人示威，以保护自己。

武术高手——蜗牛

【实验材料】

刀片，一只蜗牛。

【实验步骤】

告诉你，蜗牛的本事可大啦！别看它背着重重的壳，而且慢吞吞的，它可是能在刀刃上爬行的"武术高手"呢！

（1）把蜗牛放在准备好的刀片的刃上。确定放好了之后松开手，让它自己在刀刃上慢慢地爬行。

（2）你是不是担心蜗牛会从刀刃上掉下来，或是被划伤？可是很快你就会发现蜗牛还在刀刃上缓慢地向前爬。

（3）把蜗牛拿下来检查它的身体，你会发现它的身体下部没有任何被划伤的痕迹。

第八章 奇妙生物小实验

【实验原理】

为什么蜗牛在刀刃上不会掉下来，并且身体也不会划伤呢？难道蜗牛真的会武术吗？

蜗牛在刀刃上也会很安全地行走，因为它的身体本身会分泌一种黏液，这种黏液有保护作用，我们看起来它好像在爬行，其实它是在自己的黏液中滑行。你可以通过观察在玻璃片上爬行的蜗牛来验证它是如何爬行的。

【实验中的科学】

蜗牛看似微小，但它是由壳、头、颈、外壳膜、足、内脏、囊等部分组成完整的结构。它足下分泌的黏液，不仅可以降低行走时产生的摩擦力，而且还可以防止其他昆虫的侵害。蜗牛与其他动物最大的区别就是，它是在靠近呼吸孔的地方排泄。

蚯蚓喜欢什么

【实验材料】

一根木棍，一条蚯蚓，一棵葱。

【实验步骤】

鱼喜欢吃蚯蚓，所以钓鱼的人常常会用蚯蚓做鱼饵。可是你知道蚯蚓喜欢什么吗？不知道吧？是葱！

（1）把蚯蚓放在地面上让它爬行，拿一根棍子放在它的侧面，看看蚯蚓会有什么反应？

（2）蚯蚓好像并没有看见那条棍子，而是继续向前爬行。

（3）现在再将一棵青葱放在它的侧面。过一会儿，你会看到蚯蚓向那颗青葱慢慢地爬去了。

【实验原理】

为什么蚯蚓能看到葱而看不到木棍呢？难道是因为蚯蚓喜欢吃葱吗？

其实原因很简单，因为蚯蚓长期生活在土层深处，它的眼睛早已经退化掉了，它爬行时是根据嗅觉器官来探测前方的路的。因为葱的味道比较大，它首先感知的是葱，所以它会向有葱的地方爬行。

【实验中的科学】

蚯蚓身体呈圆形，体节中间有大量的刚毛，蚯蚓爬行时会起到固定作用。在它的体节背部有微孔，以保持身体湿润、呼吸通畅。蚯蚓是通过肌肉收缩向前移动的，具有避强趋弱的特点。

蚂蚁的最爱

【实验材料】

一只蚂蚁，一些糖水，一些天然水果汁。

【实验步骤】

你一定很喜欢吃甜甜的东西，其实蚂蚁也一样。糖水和果汁你更喜欢哪一样呢？让我们也去问问蚂蚁更喜欢哪一种吧！

（1）把找好的蚂蚁放在地上，在它附近放一些水果汁，再放一些糖水，仔细观察一会儿蚂蚁的行动。

（2）你会看见蚂蚁会远离糖水而向水果汁走去。

【实验原理】

为什么蚂蚁不喜欢糖水而喜欢果汁呢？难道蚂蚁也像我们人一样知道果汁比糖水好喝吗？

其实，蚂蚁比较喜欢甜而蜜的东西。与糖水相比，天然果汁的糖分子更能刺激蚂蚁的味觉感受器官，所以它会向水果汁爬去。

【实验中的科学】

蚂蚁有一对触角，它们会用触角来辨别物体的气味的，它的第一节触角比较粗，有膝状弯曲，转动灵活，所以辨别气味的能力非常强。

　　蚂蚁是喜欢群居的昆虫，而且有很强的团结意识。它们是以身体发出的信号来进行交流的，当它们找到食物时，会在食物上散布信息，从而让别的蚂蚁也过来帮忙一起将东西运走。昆虫里面最勤劳的非蚂蚁莫属。

不迷路的蚂蚁

【实验材料】

一只蚂蚁。

【实验步骤】

如果你在一个陌生的地方与爸爸妈妈失散了，你能找到自己的家吗？

蚂蚁能！把小蚂蚁拿到离洞口很远的地方，它仍然可以找到回家的路呢！

(1) 在蚂蚁窝的附近找一只蚂蚁。

(2) 把蚂蚁放在离洞口两三步的位置，开始观察它的行动。

(3) 过一会儿蚂蚁还是向着它的洞口爬去了。

【实验原理】

蚂蚁这么小，而且蚂蚁的洞口看起来都一个样，它是怎么找到自己的家的呢？

原来，蚂蚁除有敏锐的视觉，还可以通过太阳的位置和光线的照射确认回家的路线，这就是它们很难迷路的原因。

【实验中的科学】

蚂蚁是一种非常聪明的昆虫，早在人类诞生前它就会修筑自己的行走道路。有时它们为了躲避风雨甚至可以在坚硬的树干上啃出一道道凹槽。

三只眼的小昆虫

【实验材料】

一只蚱蜢，一把剪刀，一个小纸盒，胶条，一支黑色画笔。

【实验步骤】

蚱蜢是一种很常见的昆虫，虽然长得有点丑，但其实却一点都不可怕，也不会咬人，这一次，我们小实验的主角就是它啦！

（1）在小纸盒上剪出一个比蚱蜢大一些的洞，用画笔把纸盒内部全部涂黑。

（2）把蚱蜢的眼睛用胶条贴起来放进盒子里。观察一会儿你会发现，蚱蜢不一会儿就跑出来了。

（3）用胶条把蚱蜢两眼之间的隆起部分也贴起来，再一次将蚱蜢放进盒子中，但是这一次过了很久蚱蜢还是没有出来。

【实验原理】

如果是我们自己的眼睛被蒙住，我们当然就看不到路了，但为什么蚱蜢可以从盒子里跳出来？难道两眼之间的隆起部分才是它真正的眼睛吗？

蚱蜢两眼之间隆起的部分叫作单眼，用来分辨明暗光线。而我们看到的两只眼睛是蚱蜢的复眼，是它的主要视觉器官，由许多小眼组成。当我们只蒙住它的两只复眼时，它可以通过单眼找到出口，只有把三只眼都蒙起来时它才会看不到路。

【实验中的科学】

蚱蜢的复眼由许多小眼组成，小眼呈六角形。蚱蜢小眼的组成结构与其他昆虫相比是比较特殊的。昆虫的复眼由角膜、晶椎、色素细胞、视网膜细胞、视杆等构成，每只小眼都是一个独立的感光单位。直射的光线会射入小眼的视杆，由视神经感受。而斜射光线不能被视神经感受，只被色素细胞吸收。所以只有多数小眼汇聚在一起才能完整地接受外界光线。

青 蛙 冬 眠

【实验材料】

细沙，水盆，广口瓶，纱布，青蛙，冰块，温度计。

【实验步骤】

当我们感觉到寒冷，我们就会多穿衣服盖被子。但是当青蛙感觉到寒冷之后，它们会怎样做呢？

(1) 往广口瓶中铺一层细沙。

(2) 住广口瓶里注水，把水注到离瓶口 2 厘米的地方。

(3) 把青蛙放进瓶中，用纱布把瓶口裹起来，把装青蛙的瓶子放在水盆里。

（4）在纱布上戳一个小孔，放入温度计测量瓶中的水，记录测水时的时间和水的温度。

（5）把冰块从少到多放在水瓶的周围，在适当时测量一下水的温度，注意不要让水温下降得过快。

（6）你会发现随着水温的下降，青蛙会减少活动量，直至进入睡眠状态。

（7）几分钟之后把装有青蛙的瓶子从冰水中取出来，放在一个温度比较高的地方。

（8）随着水温的渐渐回升你会发现青蛙醒过来了。

【实验原理】

青蛙为什么一感觉到寒冷就睡大觉呢？难道睡着之后就不冷了吗？

外界的温度对动物有很大的影响，当周围环境的温度在 5~10℃时，动物的各个器官会慢慢停止工作，使身体结构无法正常运行，就会产生冬眠。冬眠是变温动物随着温度的下降而不能进行生活活动的一种状态。青蛙属于变温动物，所以气候一下降，青蛙就会进入冬眠。

【实验中的科学】

冬眠动物大部分集中在温带和寒带地区，有无脊椎动物、两栖类、爬行类和哺乳类动物。主要表现为不活动，心跳缓慢和陷入昏睡状态。冬眠是动物在进化过程中形成的一种特殊本领。

萤火虫的"灯光"

【实验材料】

手电筒，黑纸，萤火虫，胶带或线。

【实验步骤】

每到夏天，草丛里、小河边都会有萤火虫闪着星星点点的光。这些可爱的小昆虫就是这个实验的主角哦！

（1）做一个黑色的圆锥形纸筒，把锥形纸筒的锥尖剪去一点，让前面露出一个小孔。

（2）把做好的纸筒套在手电筒的头部，用胶带或线把纸筒固定在手电筒上，使手电打开时光线只能从小孔里射出。

（3）把萤火虫用棉线粘在稻秆上，等到萤火虫发光的时候，让手电筒的光柱照射萤火虫的头部。

（4）你会发现萤火虫身上的光会马上熄灭，把手电筒关起来，它的光又会亮起来。

（5）当你用手电筒的全部光照它时，它的身体就不会有这种变化。

（6）将一些雌性萤火虫（没有翅膀）放在笼子里，把笼子挂在草地的树枝上。

（7）细细观察，当萤火虫发光的时候会招来一些雄性萤火虫（有翅膀），并且会一闪一闪地发光。

【实验原理】

为什么手电筒亮起来的时候，萤火虫身上的光就会熄灭呢？难道是它们因为比不过手电筒的光而认输了吗？

萤火虫感知光线的重要部位在头部，它们招来异性的信号就是闪光。萤火虫只有给同类信号或在完全黑暗的地方才会亮起自己的灯，因为手电筒不会闪光，所以萤火虫可以准确地分辨出那不是自己的同类，它就会把打亮起来的"灯"关上。

【实验中的科学】

萤火虫发的光都属于冷光，不会产生热量。冷光的荧光粉就是根据萤火虫的发光原理制出的，把它涂在日光灯的壁内，日光灯打开时温度就会很低，而且消耗的电能也少，发光效率也是白炽灯的四到五倍，这就是节能灯为什么省电的原因。

猫 的 最 爱

【实验材料】

一只猫，一些新鲜猫草。

【实验步骤】

一提到猫的生活习性，你最先想起的一定是捉老鼠和爱吃鱼。每个人都知道猫是食肉动物，所以如果有人跟你说猫也会吃草，你一定会以为他是在骗你的吧？

（1）将新鲜长熟的猫草放在地上，把猫抱过来放在猫草附近。

（2）你会很惊奇地发现，原本不吃草的猫会将猫草咬进嘴中嚼起来。

【实验原理】

为什么只爱吃鱼和老鼠的猫会吃这些草呢？难道它们转性了吗？

其实，猫吃猫草是一种本能反应。它们不喜欢用这种草来充当自己的食物，但是它会借助这些草清理肠胃，如果之前吃了骨头、毛球之类的。猫草就可以有效地帮助它把胃里的这些渣清除掉。

【实验中的科学】

猫草是一种草本植物，成熟后长一米左右，形状和薄荷比较相近，呈灰绿色，但是比薄荷叶子稍大一些，其香气是猫咪的最爱，在叶子和茎上有柔软的白色绒毛，香味也相似于薄荷，生长在温度较低的地方，开紫白

越玩越爱玩的实验趣味游戏

色的花。因为招猫喜欢，又名猫薄荷。

233

第九章　小小发明家

制作风速仪与风标

【实验材料】

订书机，铅笔，圆珠笔杆，几块硬纸板，长铁丝，剪刀。

【实验步骤】

在看天气预报的时候，我们经常会听见某地有几级风这样的说法。风的等级是由风速决定的，在自己做出一架风速仪和风标之后，我们也可以成为小天气预报员了！

（1）将一块硬纸板剪成半径为 10 厘米的圆，涂上自己喜欢的颜色。

（2）在圆上用铅笔画出一条半径，以圆中心为角度，画出另一条垂直于第一条的半径使其形成一个扇形，把这个扇形剪下来，把两边折起来就成了一个小圆锥。

（3）再从这个圆上裁下一个 90°的弧形，把两边折起来。按照上面的方法做四个一样的小圆锥。

（4）拿一张硬纸片，剪出四条 2 厘米宽的纸条，把纸条竖着卷成圆筒。

（5）在四个小圆锥的侧部分开一个可插入纸筒的小孔。

237

（6）把圆筒穿进小孔里面，纸筒的一端便固定在了小圆锥上。

（7）把纸筒的另外一端在圆柱笔上绕一圈，用订书钉固定。

（8）剩下的三个也依次固定在圆珠笔上面，这样就形成了角度均匀的测风仪。

（9）将一根长铁丝弯成三角形，末端长出一部分，形成一个三脚架。

（10）将三脚架部分固定在一个木板上，余出的铁丝部分向上伸直，与圆珠笔连接，风速仪就做好了。

【实验原理】

风速仪做好了，当风越大，小圆锥就会转动得越快。同时，由于圆筒是通过订书钉固定的，所以可以取下来。剪一个箭头形的指示标固定在圆珠笔杆上，这样风向标就完成了。它与风向标指示的风向是相反的。

【实验中的科学】

风速，顾名思义就是风的速度，单位时间内风移动的距离。风速没有等级，而风力是有等级的，风力是依据风速划分等级的。一般来讲，风速越大，风力等级越高，风的破坏性也就越大。

制作指南针

【实验材料】

子母扣，条形磁铁，两根钢制缝衣针，厚纸片，大头针。

【实验步骤】

指南针是我国的四大发明之一。不过相对于另外三大发明，指南针可以算是最适合我们自己动手制作的一种了。

（1）在桌上并排放两根缝衣针，拿条形磁铁一个极沿着针的同一个方向摩擦十几次，使针磁化后成为磁针。

（2）把这两根针夹在子母扣的中间，拿一根大头针，把针尖向上，竖着立起来。

（3）让大头针的针尖顶在子扣的正中间，从而使子扣和磁针一起自由地水平转动。

（4）简易指南针做好了，磁针静止时的指向就是南北极。

【实验原理】

指南针做好了，但是磁针指向南的原理又是什么呢？

磁化是指使原来不具有磁性的物质获得磁性的过程。将物体烧到红炽状态，放在南北方向上自然冷却，用磁体的南极或北极沿物体向一个方向摩擦几次，在物体上绕上绝缘导线，通入直流电，使物体与磁体吸引，可以使原来没有磁性的物体磁化。

第九章 小小发明家

【实验中的科学】

当我们在图书馆时，可以把指南针拿到借书台上消掉磁，消完磁的指南针它所指的方向与实际方向恰好相反。原因是借书台使用的磁铁磁性非常大，它可能会把指南针上面的磁性都消掉。如果把磁场转动180°后，指南针就会重新经过强的磁场，又可以恢复正常。

再 生 纸

【实验材料】

废报纸，铁丝，榨汁机或者食物料理机，丝袜，熨斗。

【实验步骤】

纸张是由树木做成的，而树木则是我们地球上非常宝贵的自然资源。所以废纸再生是一件特别有意义的事。

（1）把一条铁丝折成四方形，连接的地方用线缠起来。

（2）拿一只洗干净的旧丝袜，把四方形铁丝放进去，在袜子的两端打上结，筛子就做好了。

（3）拿一些报纸撕成碎片，把撕碎的报纸片放进榨汁机里加水打碎，直到看不见一点儿纸片。

（4）把这些灰色的纸浆倒在一个容器里，放置两分钟后住纸浆里加胶水，搅拌均匀。

（5）把做好的筛子平放在纸浆里，再慢慢提起来。

(6) 在容器上方等一分钟，让多余的纸浆流回容器里去。

(7) 筛子上面的纸浆就是纸了，连筛子一块儿拿在太阳底下晒干。

(8) 确定纸浆完全干后，把纸从筛子上慢慢撕下来，拿熨斗熨平，新的再生纸就做好了。

【实验原理】

我们每做出一张再生纸，都是在为人类的环境保护事业尽自己的一份力。不过在骄傲和自豪的同时，我们还是应该了解一下造纸术的原理才行。

造纸生产分为制浆和造纸两个基本过程。制浆就是用机械的方法、化学的方法或者两者相结合的方法把植物纤维原料离解变成本色纸浆或漂白纸浆。造纸则是把悬浮在水中的纸浆纤维，经过各种加工结合成合乎各种要求的纸页。

【实验中的科学】

纸的基本原料一般都是植物纤维，做纸最常用的材料是木浆。不过现在也可以用石头造纸。石头造纸是提取石灰石中的碳酸钙，然后将矿石磨成超细粉末，将 85%的碳酸钙加上 15%的添加剂制成母粒，最后通过挤压吹膜设备，就可以制成纸张了。

越玩越爱玩的实验趣味游戏

制作孔明灯

【实验材料】

一些浸了酒精的棉花，一个铁盒，一些胶条，一只纸袋，一些坚韧的竹条。

【实验步骤】

在逢年过节的时候，我们经常会在天空里看到一些像灯笼一样的东西，在天空里越飘越远，它就是孔明灯。

（1）把一些坚韧的竹条编成一个小框的形状，用剪刀剪一些纸条，拿胶水糊在小竹框的边上。

（2）拿一个轻铁盒吊在竹框里，使盒口向上，竹框向下。

（3）把一些棉花在酒精里浸一下之后拿出来放在铁盒里。来到户外，将酒精棉点燃，你会看到整个装置慢慢地飞到天上去了，这就是我们自制的简易孔明灯。

【实验原理】

孔明灯究竟是如何飞上天去的呢？

孔明灯之所以往上升是因为我们点燃酒精棉之后，孔明灯里的空气温度会急剧上升。由于热胀冷缩，一部空气被挤压到外面去了，所以孔明灯里面的空气密度也就变小了。此时，孔明灯里的空气轻于外面的空气，所以孔明灯就会慢慢地升入空中。放飞孔明灯时应注意防火，它极易引起火灾。

【实验中的科学】

热气球在历史上源远流长，也被称为天灯。风是热气球飞行的唯一动力，热气球只有随着速度和方向都合适的高空气流才能高效地完成飞行。

构成热气球的主要配件有球囊、吊篮和加热装置三个部分。球皮是由强化尼龙制成的，虽然它的质量很轻，但特别结实，不会透一点儿气。

热气球的吊篮由藤条编制而成，着陆时能起到缓和冲击的作用。吊篮四角放置四个热气球专用液化气瓶。吊篮内还装有高度表、温度表、升降表等飞行仪表。热气球的火种非常抗风，就算是有大风也不会灭掉。

第九章　小小发明家

做"冰雕"

【实验材料】

明矾，金属汤匙，一个玻璃广口瓶，薄铁片，丝线。

【实验步骤】

你看到过美丽的冰雕吗？你知道它是怎么做出来的吗？通过今天的实验我们就可以做出各种色彩的冰雕了！

（1）把金属汤匙放在玻璃杯里后加热水可以防止玻璃瓶遇热爆裂，这是利用了金属传热快的原理。

（2）把明矾加入热水杯里搅拌，使它成为明矾饱和溶液。

（3）按鱼的侧影用薄铁片剪出你喜欢的形状，或是娃娃鱼，或是带鱼，在铁片顶部开一个孔，拿一根丝线从孔里穿过并系好。

（4）把铁片放在有明矾液的水杯里，拿一根筷子，把铁片上的线头缠在筷子中间，并把筷子平放在瓶口上，注意使铁片不要碰到玻璃杯底下的沉淀物。

（5）等到饱和明矾溶液的温度逐渐降低时，溶液中的明矾会不断被吸到铁片上。

（6）铁片上的结晶体会随着时间的增加而越来越大，看起来就像一个美丽的小"冰雕"。

（7）如果在明矾液里加入各种颜色的色素，那么就是带着宝石般色彩的彩色"冰雕"了。

【实验原理】

为什么这种结晶凝结起来会像美丽的"冰雕"呢？

在一定温度和压力下，当溶液中溶质的浓度已超过该温度、压力下溶质的溶解度，而溶质仍不析出的现象称为过饱和现象，这时的溶液称为过饱和溶液。但是饱和溶液的性质不稳定，在此溶液中加入一块小的溶质晶体作为"晶种"，就会引起过饱和溶液中溶质的结晶。

【实验中的科学】

结晶是指溶质自动从过饱和溶液中析出形成新相的过程。工业中常用"冷却热饱和溶液法"制造结晶体。在较高温度时，使溶液达到饱和状态，当温度降低时，因为物质的溶解度下降，溶液中就会析出这种物质的晶体。

第九章　小小发明家

制 作 肥 皂

【实验材料】

食盐，烧杯，氢氧化钠，猪油，酒精灯。

【实验步骤】

作为一个讲卫生的孩子，我们每天都会用到肥皂。其实肥皂一点都不神秘，我们自己就可以在家里制作肥皂呢！

（1）准备 7 克氢氧化钠、50 毫升水和 20 克猪油，放在烧杯里用酒精加热。

（2）在加热的同时不停地搅拌，使氢氧化钠和猪油充分混合而产生反应。

（3）在发生反应的过程中要不断地加水，以弥补因蒸发而失掉的水分。

（4）当加热中的反应混合物表面不再漂浮一层熔化状态的油脂的时候，证明它们已经充分反应完全。

（5）这时停止加热，趁热将 50 毫升热的饱和食盐溶液加入烧杯里，搅拌均匀后放置冷却。

（6）把漂浮在溶液上面的固体物体取出来，把固体表面的溶液用水冲洗干净，放置干燥后，一块肥皂就做好了。

【实验原理】

肥皂的主要成分是硬脂酸钠。油脂其实是一种甘油酯，它是由甘油与多种高级脂肪酸作用生成的酯。油脂遇到碱就会发生水解反应，得到硬脂酸钠、甘油和水的混合物。往混合物中加入食盐，就可以破坏胶体，降低硬脂酸钠的溶解度。混合物会分层，硬脂酸钠比较轻，漂浮在上面，这一作用称为盐析。取出上层的硬脂酸钠，加进填充剂，经压滤、干燥、成型后，就成了普通的洗衣皂。

【实验中的科学】

硬脂酸钠分子中含有亲油的烃基和亲水的羧基。烃基与污垢中的油脂分子结合在一起，羧基部分则伸在油滴外面，插入水中，这样油滴就被肥皂分子包围起来，分散并悬浮于水中形成乳浊液。再经过摩擦和振动，就会随着水漂洗而去，这就是肥皂去污的原理。（另见 P154）

第九章　小小发明家

做 镜 子

【实验材料】

蜡，浓氨水，硝酸洗液，平板玻璃，硝酸银溶液，葡萄糖。

【实验步骤】

镜子这种日用品每家都有，这一次就让我们自己动手，为家里再做一面新镜子吧！

（1）找一块平板玻璃，裁成一块4厘米大小的正方形。

（2）清洁干净后放在等体积的浓硝酸与饱和重铬酸钾溶液混匀配成的硝洗液浸泡半小时左右，等晾干后，在任意表面涂上蜡。

（3）将30毫升硝酸银溶液放入烧杯中，然后慢慢将浓氨水用吸管注入硝酸银溶液中，注到沉淀溶解为止。

（4）在70毫升的水中加入2克葡萄糖，溶解后放到银氨溶液中搅拌均匀。

（5）用镊子将玻璃片放进烧杯中，涂蜡的一面朝下，把烧杯拿起来轻轻摇晃。

（6）过一会儿就能清楚地看到玻璃表面出现一层明亮的银膜。

（7）把玻璃放在阳光充足的地方晒干，拿一些清漆涂在玻璃的银膜上，一面镜子就制作好了。

越玩越爱玩的实验趣味游戏

【实验原理】

氨水遇硝酸银产生灰白色的氢氧化银，氢氧化银沉淀不稳定，立即分解为氧化银沉淀。继续滴加浓氨水，氧化银就会溶解，生成银氨络合物。葡萄糖中含有醛基，具有还原性，能将银离子还原为金属银，为玻璃镀上一层银膜，再涂上有防生锈作用的清漆，一面镜子就做好了。

【实验中的科学】

做镜子通常采用两种方法。一是在水溶液中把银离子还原为金属银，把银镀在平板玻璃上。然后在银膜上涂上油漆，使银膜夹在玻璃和漆膜的中间，把镜面保护起来，使它既不会受到磨损，也不会脱落下来。另一种是真空镀膜法，它在物体表面镀上一层致密的金属（如铝），就能成为一种很高级的镜面，但这种方法需要复杂的设备，做出来的镜子大多用于精密的仪器。

简易太阳能热水器

【实验材料】

不锈钢盘，广口玻璃瓶，塑胶软长管，橡皮筋，大张铝箔纸，塑料瓶。

【实验步骤】

太阳能是世界上最清洁的能源。这一次，让我们一起来做一个简易的太阳能热水器吧。

（1）拿一根塑胶软长管，把它从正中间对折，从对折处往里面卷，直到塑料管剩余 0.4 米为止。

（2）把软管卷好的部分用橡皮筋捆起来，把捆好的塑胶管放入一个大玻璃瓶里，没卷的部分露在玻璃瓶外。

（3）拿一张大铝箔纸，把玻璃瓶放在铝箔的正中间。

（4）把铝箔从四周折上来，包住玻璃瓶口，用橡皮筋固定住，这样就不会有大量空气进入瓶子里了。

（5）在天气晴朗、太阳好的时候，在户外太阳能照射到的地方放一个桌子。

（6）把组合好的装置放在不锈钢盘子里，搬到桌子上放一个小时。

（7）在一个塑料瓶里注入冷水，把它放在盘子的旁边。

（8）把露在外面的软管一端从桌子上悬垂下去，另一端放在冷水瓶里。

越玩越爱玩的实验趣味游戏

（9）把放在外面的管子用嘴吸一下，然后悬放到桌子下。

（10）当塑料瓶里的水通过玻璃瓶里的管子从另一端流出来时，用手摸一下水，你会发现水的温度要比原来高出一些。

【实验原理】

使用这种简易太阳能热水器真的可以让水变热，那么它到底是什么原理呢？

我们自制的太阳能热水器虽然简陋，但原理和真的太阳能热水器是非常相似的。太阳光通过铝箔照到瓶内时，瓶子里会产生热量，铝箔不仅可以起到阻止热量外流的作用，而且还可以更充分地吸收太阳光，从而使瓶子里保持高温。当冷水通过瓶里的管子时，就会被瓶子里的高温所加热，所以当水从另一端流出来的时候，温度就会比原来高了。

【实验中的科学】

目前太阳能加热使用最广泛的是利用光热加温。太阳能的基本原理是将太阳光收集起来，从而让加热对象吸收光能而加以利用。

简单的手压式风车

【实验材料】

细铁丝，胶带，饮料吸管，带盖的饮料瓶，废易拉罐。

【实验步骤】

你一定见过电视里那些坐落在青山绿水之间的风车和水车，让我们一起动手，来自己做一个简单的手压式风车吧！

(1) 找一个带盖的饮料瓶，在瓶盖半径的 1/2 处钻一个小孔。

(2) 把 5 厘米的吸管塞进孔中，拿一个易拉罐，剪出一个长 4 厘米、宽 1.8 厘米的长方形铝片。

(3) 拿一个长 2.2 厘米的吸管放在铝片中间，用胶带固定好，当作轴套，然后将铝片折成 S 形（千万小心不要被铝片划伤手）。

(4) 用一段 14 厘米长的细铁丝穿进吸管做转轴，把露在轴套两侧的铁丝折成直角，使整个装置成为 U 形支架。

(5) 把插吸管的瓶盖盖在饮料瓶上，将风车放在瓶盖里，让支架的两条腿跨在瓶盖里。

(6) 最后让瓶子上的吸管口对准风车叶片的凹面，风车就做好了。

【实验原理】

只要我们用手挤压瓶子，空气就会从吸管口喷出来。看着自己的劳动成果，心里是不是很开心呢？这个自制手压式风车的好处还不止于此呢。

如果在饮料瓶里注入一些水，再用手挤压饮料瓶，水就会从吸管口喷出来，推动叶轮旋转，这样一来，它就又成为一部不折不扣的水车了。

【实验中的科学】

风车是一种利用风力驱动的带有可调节的叶片或梯级横木的轮子所产生的能量来运转的机械装置。古代的风车，是从船帆发展起来的，它具有6~8副像帆船那样的篷，分布在一根垂直轴的四周，风吹时像走马灯似地绕轴转动。这种风车因效率较低，已逐步被具有水平转动轴的木质布篷风车和其他风车取代，如立式风车、自动旋翼风车等。

色彩斑斓的泡泡

【实验材料】

大盘子，冷却的开水，肥皂，细吸管，铁丝。

【实验步骤】

我们经常会买一些现成的吹泡泡的玩具，只要轻轻一吹就到处都是大小不一色彩斑斓的泡泡。今天就让我们自己动手，通过实验来学习这些泡泡是怎么做出来的吧。

（1）把开水倒入玻璃杯中，放置冷却。

（2）在冷却后的开水里加入肥皂，拿一个细吸管放在玻璃杯里把肥皂搅化后，对着吸管吹泡泡。

（3）如果吹出的泡泡直径有 10 厘米大小，用手指蘸一些肥皂液去碰

253

泡泡，泡泡没有破，那么这些肥皂溶液就可以用了。

（4）如果一碰泡泡破了，就需要再往里面再加一些肥皂。

（5）在一个大盘子里倒入 2~3 毫米深的肥皂液。

（6）拿一朵花放在有肥皂液的盘子里，把花用玻璃漏斗盖起来，过一会儿把漏斗揭开一点，插入一根细吸管吹几个肥皂泡。

（7）等到肥皂可以吹出特别大的泡泡后，将漏斗倾斜，就会看到有一个五颜六色的泡泡把花朵罩住了。

（8）把准备好的两个铁丝环拿出来，将吹好的泡泡放在一个铁丝环上。

（9）在另一个铁丝环上蘸上肥皂液，把它放在有泡泡的铁丝环上面，慢慢向上提，泡泡就会跟着拉长，直到泡泡成为一个圆柱形。

（10）当上面的圆环提高到一定程度时，泡泡柱就会收缩起一半，你会看到它变成了两个泡泡。

【实验原理】

这些美丽的彩虹泡泡究竟是如何做出来的呢？

我们首先要知道，一般的水无法吹出泡泡，是因为水的表面张力太大。当在水里加入肥皂时，肥皂把水的表面张力降低后，泡泡就可以被吹出来了。而把泡液放在花瓣上一段时间，吹起的泡泡就会五颜六色，是因为花叶含有各种成分的色素，肥皂液有吸取色素的特性。当色素被肥皂吸取后吹出来的泡泡就会是各种颜色的。

【实验中的科学】

物理学家根据肥皂泡薄膜面五颜六色的色彩，可以测量出光波的波长。人们对于分子力作用定律的研究就是借助研究薄膜的张力而推出的，这种分子力被称为内聚力。内聚力是这个世界上最重要的作用力之一，如果没有内聚力，世界上就只剩下最细小的微尘了。

自 制 香 水

【实验材料】

深色玻璃瓶，无水酒精，玫瑰精油 1 毫升，蒸馏水或纯净水。

【实验步骤】

香水一向是姑娘们的最爱，所散发出的幽香往往可以让人心醉神迷。你想不想也拥有一瓶属于自己的香水呢？动起手来吧，香水做成之后，无论是自己用还是送给别人，都很不错哦！

(1) 在酒精中加入一些玫瑰精油，搅拌 3 分钟使它们充分混合。

(2) 在深颜色的玻璃瓶里放置 48 个小时。

（3）拿出来后加入少许蒸馏水，搅拌均匀后再放置 48 个小时。

（4）如果想让玫瑰香水的味道保持久一些，加入蒸馏水后最少放置 6 个星期左右，若觉得香气太重，可以往里面兑一些蒸馏水。

【实验原理】

香水就这样做成了，是不是很有成就感呢？其实，我们所做的玫瑰淡香水的香气主要来源于玫瑰精油。玫瑰精油是由玫瑰花瓣取汁而制成的，花瓣中有一种油细胞，能分泌出芳香油，这种油含有香味。酒精能把花瓣中的芳香油萃取出来，所以当人们喷涂淡香水的时候，酒精挥发，就会把香味带出来。

【实验中的科学】

香水在化学上属于芳香族化合物的范畴。芳香族化合物原来是指从植物胶中取得的具有芳香气味的物质，它们的分子都有一个叫"苯环"的结构。以后科学家就将具有"苯环"结构的化学物质统称为芳香族化合物。但并不是所有的芳香族化合物都是有香味的。芳香族化合物可以用石油和煤焦油来提炼，因此很多便宜的香水实际上是黑乎乎的石油或者煤焦油做成的。

做 陀 螺

【实验材料】

细木棒，一片硬纸板，胶水，剪刀，针，小刀。

【实验步骤】

孩子们都很喜欢玩陀螺，但是你自己会不会做呢？如果不会就让我们跟着实验一起动手做一个好玩的陀螺吧！

（1）拿一张比较硬的纸板，把它剪成圆形，用针在圆的正中间钻一个小孔。

（2）拿一条细木棒，用小刀将它的一端削尖，插入小孔里面，这样木棒就成了一个支点。

（3）把小孔与木棒之间的缝隙用胶水糊起来，简易陀螺就完成了。

（4）把尖端悬立在地上，用手捻动陀螺，陀螺就会高速度旋转起来，在高速旋转时如果没有外力阻止的话，这个陀螺可以一直旋转很久哦！

【实验原理】

陀螺已经做出来了，但是你是否了解陀螺的原理呢？

高速旋转的物体总是可以保持转轴的方向不变。当我们陀螺旋转时它的转轴总是保持向上的，所以即使它与平面的接触面积很小，也能保持自己的稳定性。从物理学的角度来讲，这叫作转动惯性。

【实验中的科学】

我们最常用的交通工具自行车的原理也是这样的，前后的两个轮子就像是两个陀螺一样，能保持原来的转轴方向，使得轮子平滑行驶却不会倒下来。车子的轮子转动速度越快，它就会越稳定，如果速度慢了，就容易失去平衡，摔倒的可能性也就更大一些。

第九章 小小发明家

果蔬里的维生素 C

【实验材料】

各种果蔬，碘酒，淀粉。

【实验步骤】

维生素 C 是人体所必需的营养物质。可是，你知道什么果蔬里含有维生素 C 吗？让我们自己来验证一下吧！

（1）在玻璃杯中注入一些开水，加少量淀粉搅拌均匀，使它成为淀粉溶液。

（2）往淀粉溶液里滴入 2~3 滴碘酒，你会看到原本成乳白色的淀粉溶液在瞬间变成了蓝紫色的溶液。

(3) 找几棵青菜，摘掉菜叶，把叶柄的汁榨出来，将榨出来的汁液滴入蓝紫色的液体里，在滴的时候搅动这些液体。

(4) 你发现它又变成了之前的乳白色，说明这颗青菜里面含有维生素 C。

(5) 用以上的方法，我们就可以检验出果蔬里面是否含有维生素 C。

【实验原理】

看来用这样的方法的确可以验证出果蔬是否含有维生素 C，但是这个实验的原理又是什么呢？

事实上，淀粉有一种特性就是遇到碘会变成蓝紫色。而维生素 C 与蓝紫色溶液中的碘发生作用，就会使溶液变成无色。所以含有维生素 C 的果蔬汁液与蓝紫色溶液中的碘发生作用后，就会生成乳白色的溶液了。是不是很简单呢？

【实验中的科学】

维生素 C 又称抗坏血酸，是一种水溶性维生素。食物中的维生素 C 被人体小肠上段吸收。一旦吸收，就分布到体内所有的水溶性结构中，正常成人体内的维生素 C 代谢活性池中约有 1 500 mg 维生素 C，最高储存峰值为 3 000 mg。正常情况下，维生素 C 绝大部分在体内经代谢分解成草酸或与硫酸结合生成新的物质并由尿排出；另一部分就会直接由尿排出体外。

水果和蔬菜中维生素 C 含量丰富，在氧化还原代谢反应中起调节作用，缺乏维生素 C 就会引起坏血病。